自然生态环境修复的理念与实践技术

[日]山寺喜成　著
魏天兴　赵廷宁　杨喜田　顾卫　译
吴斌　杨喜田　顾卫　校

中国建筑工业出版社

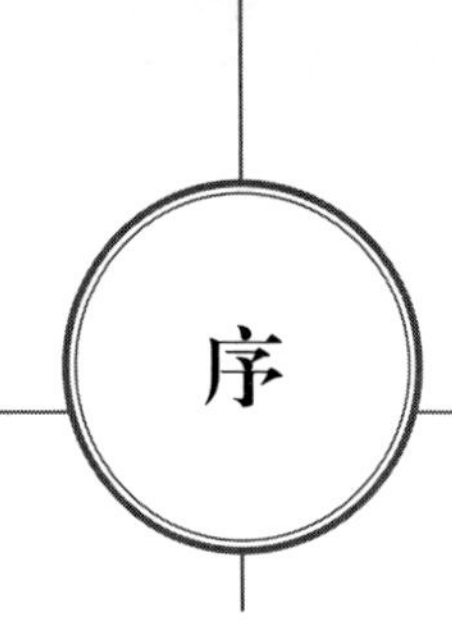

序

自然生态环境修复的理念与实践技术

植被建设是保护和修复生态系统的重要内容之一，工程绿化技术是修复生态系统的重要方式。日本水土保持专家和生态恢复专家山寺喜成教授，在这一领域，无论是理论研究，还是技术实践，都有十分独到的见解和贡献。

山寺喜成教授与我国林业建设的研究与发展有很深的渊源，早在1981年四川发生特大洪水后，为了帮助中国治理由于大洪水造成的危害，他就把日本著名绿化专家仓田益二郎著的《绿化工程技术》介绍到中国。此后，他多次来华从事研究和工程示范，培养了一批中国留学生和工程技术人员。从2001年开始，山寺教授与我国专家共同在我国河南、内蒙古、山西、北京等地开展了自然恢复试验研究和示范。现在呈献给读者的自然生态环境修复的理念与实践技术，是山寺喜成先生关于自然恢复的最新专著。这本书在日本出版同时，他就希望把本书翻译成中文并在中国出版，为中国的自然（生态）环境修复作参考，现在此书终于能奉献给中国的读者，也算了却了山寺教授的一个心愿。

本书提出了生态环境自然恢复的观点，作者分析了目前在生态恢复中的种种误区、绿化中违反自然规律的事件，比如：功能低下的人工林、环境效益低下的都市绿化模式等，不但不能发挥水土保持和改善生态环境的功能，甚至部分地区的人工林会造成山体崩塌等自然灾害；花费大量资金的大树进城，像是城市的绿色装饰品，抵御灾害、改善环境的功能低、寿命短。作者就干旱区造林中采取大水漫灌、大规模的鱼鳞坑整地，对植物生长影响的问题等问题作了深入分析，认为这些都有违自然规律，与自然界植被自然恢复形成较强生态功能的目标相悖。这是本书在植被恢复方面的新观点。

针对植被恢复建设中不符合自然规律的问题，作者提出了自然修复、充分发挥生态保护的绿化技术方法，详细介绍了自然生态绿化技术体系、发挥林木根系作用的绿化方法、培育主根系形成近自然群落的保育基盘（种基盘）技术、采石场迹地绿化方法及植被管理技术。

作者恢复生态学的理论，对绿化工程中树种的选择，观点新颖；作者以较大篇幅介绍了植被恢复技术，大量已经取得成功的植被恢复模式，一些技术方法在中国开展了试验示范。

本书的出版，无疑对我国植被恢复与重建、国土整治、环境保护、水土保持与荒漠化防治，乃至山区的可持续发展及相关领域的科学研究、生产与管理工作，具有重要的参考价值。

感谢中国建筑出版社的编辑刘文昕老师在本书翻译出版过程中给予译者的支持、指导和帮助。本书第 1~4 章分别由赵廷宁、杨喜田、魏天兴和顾卫完成，由吴斌、顾卫和杨喜田校译，魏天兴统稿。鉴于译者水平有限，译文中难免有生硬、不准确或欠妥之处，恳请读者批评指正。

吴　斌

2013年于北京林业大学

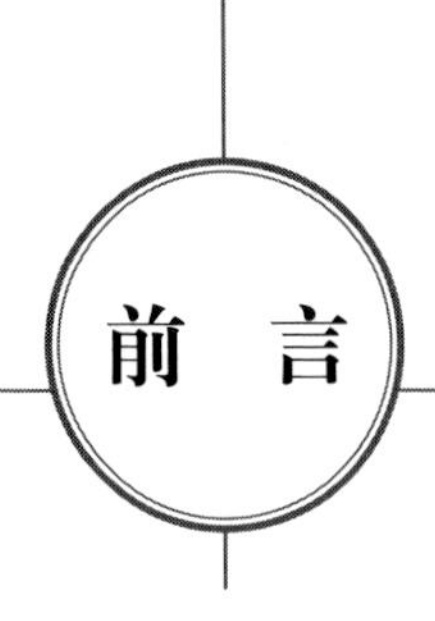

前　言

人类异常的活动造成二氧化碳快速增加，地球变暖化并且有加速化趋势，大幅度的气候变化，造成沙漠化、洪水灾害。“生态环境”（培养生命的环境)从根底上开始垮掉。为了拯救生态环境的危机，开始关注“创造在地球上生物栖息环境的植物”，除此之外没有道路了吗？针对科学越发达、CO_2越增加的现状，靠科学的进步吸收和固定CO_2是没有持续性的，也不能完全依赖。就是说，绿化肩负着修复、重建现在正在被严重损毁的地球生命环境的使命。

其实，现在所营造的绿化，实际上对生态环境修复和改善方面的贡献率比较低。多半的这些绿化与自然的绿相比，环境改进能力明显较弱，即使对景观有良好的改善，但是对修复生态环境的能力也不一定高。如果没有足够多的绿化的话，环境变好是不可能的事情；关键问题是绿化的质量。

环境改进功能低下的绿化正在增加，背景有如下的几个问题：①把环境改善策略的重点放在“增加绿的量”上；② 眼光没有转向关于“绿的功能和质量的提高”方面；③ 对于“绿化方法与绿化功能以及质量有密切关系”的理念缺乏认识。绿化科学技术研究的滞后与此有很大关系。

绿化本来的目的就是培育生命的支持系统——生态环境，保护（维持、恢复）生态环境。即，绿化是以培育对生态环境保护（保持、维持）有用的绿色植物为前提，更有效地灵活运用森林（植物群落）的多种生命保护功能，以让其发挥功能为基础的。但是，目前大多数的人工绿化没能达到这个目的。

本书讨论了迄今为止绿化功能低下的绿化产生的主要原因，分析绿化的现状；接下来叙述创造出植物群落的基本的关键条件，以及为提高绿化的各种环境保护功能所必要的关键的绿化技术；最后，介绍了“采石废弃地”的绿化施工，展示了成功恢复植被的方法（恢复目标、使用植物、合理适当的工法、设计施工的方法）。

本书由四部分组成，第一章叙述了生态环境修复改进的基本的理念；第二章介绍用于修复改善生态环境的绿化技术；第三章叙述了绿化中最重要的要素——根系，培育健康发达根系的绿化技术；第四章，介绍采石场生态环境修复改善的绿化关键技术。

这些基本的思考和技术是适用于植树、荒地修复、荒山修复、都市绿化、工厂绿化、庭园绿化、道路绿化、岩石地绿化和沙漠绿化事业，是营建这些地域生态环境修复改善的基础。

生态环境的修复再生最重要的要点是引入植物的健全及旺盛的生长，健全的生长必须有粗壮的主根支撑。培育主根发达的森林，即“发挥主根的力量”是改善荒废的生态环境的基础。

目　录

第3章 充分利用根系功能的绿化技术

第4章 采石场绿化

第 1 章

修复改善生态环境的新措施

森林的丧失，会招致人类的消亡

I 地球生态环境的破坏

人类浪费了大量的能源，给自然界增加了巨大的负担。其结果是使自然界失去平衡、异常天气在世界各地频繁发生。例如冰川融化、岛屿淹没、洪水泛滥、无雨和暴雨、土地干旱化、大城市受到沙尘暴袭扰以及龙卷风等。虽然这些破坏现象作为常识已被人类所认知，但它们作为影响人类生存的重要问题，其对策的制定却是来得过于迟缓。而且，它们成了经济政策的后果，被作为经济政策执行中的问题来对待。

为了解决上述问题，首先有必要深入了解一下地球生态环境被破坏的现状。在此，我们将从生态修复的角度来看一下生态环境被破坏的状况。

2009 年 3 月 10 日，在沙特阿拉伯的首都利雅得发生了特大沙尘暴。阿拉伯新闻的头版头条报道了高楼林立的大城市被沙尘暴吞噬的状况。人们仿佛感到了现代文明在一夜之间被埋没的恐怖。而在一年后的 2010 年 5 月，一场大洪水再度袭击利雅得，车辆被淹没、高楼大厦浸泡在水中。这两种完全相反的现象像是在暗示着我们，地球生态环境（生物的生存环境）确实发生了变化，并且是在急速地恶化。

照片 1-1 显示的是中国鄂尔多斯高原生态环境被破坏现状。这是人类破坏生态环境的典型案例。所谓生态环境，是指生命存在的环境，换句话说，也就是生命生存所必需的环境。这个生态环境会因为滥伐森林、无计划地开发农业而变得贫瘠不堪。如果未能顾及生态系统保全而进行森林开采和农业种植，就会变成生物难以生存的环境。河流如果被流失的沙石所掩埋，鱼类就无法生存，就会变成干枯之河、死亡之河。所以说，不论是农业开发、道路建设还是开山采石，只要是不重视对生态系统影响的开发，或者是不伴随修复再生的开发，都将走上与照片 1-2 相同的死亡之路。

照片 1-1　人类造成的生态环境破坏（中国鄂尔多斯高原）

照片 1-2　生物难以生存的无水河流“死亡之河”（中国鄂尔多斯高原）

不仅是在中国，在地球上的各个地方都有这种人类造成的生态环境破坏。例如，在北美大陆的中部至西部，伴随着大规模的砍伐森林和大范围的农业开发产生了干旱化和沙漠化。在巴西的拉普拉塔河流域，伴随着大规模的砍伐森林和大范围的农业开发产生了土壤侵蚀和土壤贫瘠。在亚马孙河流域，伴随着大规模的砍伐森林产生了土壤流失和气候变化。在咸海沿岸，伴随着大规模的农业灌溉产生了渔业崩溃，土壤盐渍化使得农地难以耕作。在乌克兰，大型农业机械化引起了土壤风蚀和耕地贫瘠。在内蒙古草原，大规模的农业开发造成了土壤退化和耕地贫瘠。上游的森林采伐或河水过度使用,使得乌兰湖（青海省）与查干湖（吉林省）消失、河岸林枯萎；大气污染使得欧洲各国的森林枯损；滥伐森林造成印度西部沙漠化；过度的农业灌溉造成中东地区的土壤盐渍化和贫瘠化；农业灌溉和过度放牧造成地中海地区的土壤盐渍化和肥力下降；砍伐森林和过度的农业灌溉造成非洲大陆的干旱化和贫瘠化；中国黄河流域的农业灌溉地带出现地下水位下降、土壤盐类富集和土壤贫瘠等等。

这种生态环境破坏正在向地球各处迅速扩展。我们要坦率地承认这个事实，在制定把地球环境的负荷降低到最小限度的同时，还必须积极地采取修复和改善生态环境的措施。

Ⅱ 当前绿化事业中存在的问题

1 有关绿化的基本认识

(1) 提高对绿化的认识

我们所看到的许多绿色，并不都是像我们想象的那样对于修复和改善当前的生态环境危机是有效的。它们是一些改善生态环境能力非常差的“不自然的绿色”，甚至还有导致生态环境恶化的绿色。这是由于对于绿化的认识不同？还是由于绿色的必要性及其作用等没有被公众所知？

什么是绿化？为什么有必要进行绿化？在开始思考的瞬间，便会感到有时空上的不同。通常情况下，绿化被看成是“为了维持和保全生命环境而建立绿色”。也可以说成是修复和改善适宜生物栖息的生态环境。如果以这个观点来看现实的话，应该说在认识上还存在很大的差距。

迄今为止有关绿化的认识，大多数被看成是“有绿色就行”、“有绿色就好”。所以优先考虑的是用鲜花装饰凉台、在路边种植花草、人工建造一个美丽的景观等。由于没有树木所以要植树、由于景色欠佳所以要植树、由于开山造成山体裸露所以要植树等等，绿化的目的就是装饰、就是掩盖。所以，只能根据视觉上的好坏和个人的偏爱来选择、设计绿色，只能构建一种仅仅满足个人要求的绿色。

用花装饰出的绿色固然是重要的，可创造出对保护生命、孕育生命有帮助的绿色，则更具有超越时空的重要性。即便同样是用花进行装饰的绿化，我们希望它是一种能营造花在自然界中生长的环境、能让花在自然界中年复一年地盛开怒放的绿化。这就是所谓的在自然中存活、与大自然共生吧。

(2) 构建高性能的植物群落

在孕育生命的生态环境正在受到破坏的当今，如何构建改善环境功能强的植物群落是一个重要的课题。那么，首先应该讨论的是，现有的群落对于改善环境是否是有效的。

以下的这些群落，不仅对改善不良环境几乎没有贡献，而且还成为导致形成不良环境的原因。例如，受气候变化的影响容易枯损的群落、防灾功能低下诱发崩塌的群落、脱离灌溉等人工管理就无法生存的群落、视觉效果良好但环境修复机能低下的群落、不能有效地吸收和固定二氧化碳的短寿命群落、停止演替不能形成生态系统的群落、只有潜在植被的能源耗费型群落、只有先锋树种的单一型植被、仅仅是能量迁移的树木批量移植，栽植大型树木、反复修剪的行道树、覆盖混凝土表面的藤蔓植物等等。在其中，可以列举出几个与不良环境的产生有关、对防止气候变暖作用不显著的群落例子。

1）人工造林所引起的山体崩塌

二战结束后，日本在全国范围内开展了大规模的植树造林，全部的国土都被茂密的绿色植被所覆盖。但是，现在这个绿色却在环境保全方面不断引发重大问题，这个问题就是山体崩塌。

战后一次性大规模营造的纯针叶林，每次遇到台风就会发生树木倒伏或倾斜。如果仅仅是刚刚栽植的幼龄林倒伏的话，倒不是什么问题。但值得重视的是，栽植后经历了 30 ～ 50 年以上的壮龄林倒伏。植树造林的最大目的应该是“增强山地土壤的保全能力，防止下游产生泥沙灾害”。不论是谁都相信，只要种了树，在树木根系的束缚下，山地保全能力会得以逐年提高。然而出乎意料的是，颠覆这一常识的现象开始频繁地出现了（照片 1-3）。

照片 1-3　在日本全国各地发生的壮龄人工林倒伏

关于栽植的壮龄人工林倒伏原因，我认为最主要的是“主根消失”和“脆弱的根系网络”。这是由于栽植的苗木会形成与天然林不同的根系结构。产生这一问题的背景，在于当时重视的是提高苗木的成活率，以及科学研究不够深入等（照片 1-4）。

照片 1-4 容易倒伏的、主根消失了的栽植树木根系

不过，今后栽植树木倒伏的危险性会进一步上升，大规模的倒伏会频繁地发生。这是由于日本的降水量多，即使树木根系的发育空间狭窄，树高也会年年增加，树木重心会不断上升的缘故。还有，风化土层会逐年增厚。而且，最近大幅度的气候变化也会使倒伏加速。

以上的这种现象，向我们暗示了在环境保全对策上的一个重要问题。

① 仅是解决当前树木倒伏的问题，并不意味着能解决环境问题。要想给将来创建良好的生态环境，重要的是要从将来的需求去思考，要考虑到 30 ～ 50 年之后的状态。

② 不能以人类的便利与否为优先，而是要基于植物的生理生态特性去引入植物。

③ 要制造自然的绿色，构建接近自然的植物群落。也就是说，要向自然林、天然林学习。

2）环境改善机能低下的城市绿化

城市生态环境的破坏是一个大问题。为了使被破坏的城市环境得以再生，必须要努力使城市所产生的二氧化碳不向其他地区扩散，而是在城市内部进行某种程度的吸收和固定。因此，在城市绿化上，必须要首选考虑营造对吸收固定二氧化碳有作用的绿色。此外，所营造的绿色必须能够充分地承受大幅度的气象变化。再有，所营造的绿色应该具有较高的防灾功能。

然而在现实之中，城市绿化是一种以景观保护为主的绿化，或者是一种以栽植大苗木为中心的绿化，我们看到更多的是对改善生态环境没有效果的绿色。反复修剪的行道树和园林树木对削减二氧化碳几乎不起作用，而引入这些树木，主要是靠栽植壮龄树或大树，为此需要耗费更多的能源和经费。如果考虑到气候变暖或者发生洪水，这种形成非自然根系的大树栽植存在着诱发灾害的危险，并成为导致环境恶化的重要因素。

如上所述，在城市绿化的问题上，不仅需要投入非常多的经费和能源，而且，所营建的绿色大部分是一种防灾功能低下、寿命短、环境改善能力差的装饰性的绿色。城市绿化也是直接与城市灾害相关联的问题（照片 1-5）。

照片 1-5　对二氧化碳固定和吸收效果很小的装饰性的绿化

（3）创造有科学依据的绿色

要进行生态环境的修复与改善，将绿色置于环境对策的中心位置是非常重要的。但是，在现实之中，重视绿色的对策很少，更多的对策只是把绿色作为一种装饰。

此外，还应该反省那些忽视植物生理缺乏科学依据的对策、缺乏对绿色功能认识的对策、以个人兴趣和爱好为主的绿色、只是重视视觉效果的装饰性的绿色、为了回避某种情况下临时要求的对策，以及没有自然科学根据的以社会科学为主导的对策等。

例如，为了提高成活率而开发的“容器苗”和“细根为主的优质苗”，因为其改变了树木原本应具有的性质，所以形成了在天然林中所见不到的非自然根系。由于这个原因，树木的生长势头在壮年期以后急速衰减，寿命缩短，成了在植物生理上发育不良的群落。还有，在道路两侧大量营造的绿色放眼望去虽然很好，但看着好的绿色未必是对改善生态环境适宜的绿色。我们不应该迎合人的喜好，而应该创造出适宜人类和各种生物共同生存的良好环境（照片 1-6）。

照片 1-6　容器育苗妨碍根系自由生长所造成的畸形根系（根系盘绕现象）

（4）提高公共设施绿色的质量

什么样的绿色才能维持和保护区域生态环境呢？我们对身边的社区进行了调查。调查的结果是，对维持和保护区域生态环境贡献最大的绿色依次为：周边山区的林地→寺庙的林地→大中企业的园林→一部分个人的园林→公园→道路。

相比之下，对维持生态环境贡献程度较低的场所是公共设施，以及公共性较强的民间设施。市政府、车站、学校、医院、银行、邮局、会馆、农民协会、警察局、加油站、超市、便利店等设施，几乎不存在对维持保护生态环境起作用的绿色，只是在某种程度上有一点儿装饰性的绿色（照片 1-7）。

照片 1-7　希望引入树木的公共性较高的设施（便利店、车站、银行等）

如照片所示，公共设施和公共性较高的民间设施加速了生态环境的恶化。不仅如此，公共设施和公共性较高的民间设施几乎不关心生态环境的修复和改善。类似的情况在全国各地随处可见。

也就是说，公共设施要摈弃装饰性绿化或者趣味性绿化，应该创造出对生态环境的维持和保护有作用的绿色。

环境是可以被消耗、被污染的。生态环境是公共资源。所以，公共设施有必要率先为生态环境的修复和再生而努力。

2 各种绿化施工中存在的问题

（1）干旱区绿化中存在的问题

目前干旱区绿化中存在的主要问题有两点：① 与大型苗木使用有关的问题；② 与绿化基础工程有关的问题。

① 如果使用大型苗木，由于当地蒸散量较高，会增加苗木死亡率。为了维持苗木的生命，必须要长时间、大量地浇水。但是，进行大量浇水的话，会减少土壤中的氧气含量，使植物的根系变浅。而植物的根系如果变浅又会使植物更容易枯萎，为此，又必须进行大量地浇水。这一过程不断反复，使得大量的水分被无意义地消耗掉了（照片 1-8）。

照片 1-8　栽植大苗使得大量的水分被浪费

另外，由于大型苗木的主根被切断了，根系只剩下了侧根，几乎无法向土壤深处生长发育。也就是说，使用大型苗木会造成根系变浅。根系变浅的话，其耐旱性能就会降低，生长时间就会缩短。还有，大型苗木的地上部分与地下部分正常的水分循环机能被破坏了，即使在短时间内可以存活，但如果无降雨状态持续下去的话就很容易枯死。这种例子实在是太多了。

使用上述这些违反植物生理的方法，或者使植物的耐旱性降低的方法进行绿化本身就存在问题，而根据当地的自然水分条件，以恢复能够自我维持的生态系统为目标，才是非常重要的。

② 在干旱区的山区，为了有效利用天然降水，作为绿化基础工程，会设置鱼鳞坑（比较深的鱼鳞状种植穴）或栽植沟（栽植用的深沟）等。如果当地降雨较少，这些绿化基础工程的效果是非常明显的。但在采用了鱼鳞坑和栽植沟的绿化施工中，发现了两个问题。这两个问题不是鱼鳞坑等绿化基础工程的效果问题，而是适用性问题。一是种植在鱼鳞坑和栽植沟中树木的根系不能深入到土壤之中，二是过度采用鱼鳞坑或栽植沟使得成本与效果的比例降低（照片 1-9）。

照片 1-9　过度挖掘造成的闲置鱼鳞坑

种植在鱼鳞坑和栽植沟中树木的根系不能深入到土壤之中的原因，与所用苗木没有主根密切相关。因此，遇到较硬的岩层，即使是主根可以侵入，可侧根却难以侵入，只能形成很浅的根系层。

其次，关于过度采用鱼鳞坑和栽植沟的问题，这与所用的苗木主根不发育、质量较差（缺陷苗木、受损苗木）密切相关。也就是说，如果栽植的是容易枯损的苗木，采用鱼鳞坑或栽植沟的必要性就会上升，它们就成了干旱地区不可缺少的绿化基础工程。可如果栽植的是主根发育良好的健壮苗木，采用鱼鳞坑或栽植沟的必要性就会降低。但是在现实之中，即便是在没有必要实施绿化基础工程的地方，也在采用鱼鳞坑或栽植沟。所以，为了充分发挥鱼鳞坑或栽植沟的长处，有必要以栽植主根没有被切断的、健壮的苗木为前提，重新讨论绿化基础工程的适用范围（应用指南）。

（2）山地治理、侵蚀控制中存在的问题

目前在山地治理、侵蚀控制领域中，与绿化施工有关的主要问题是未能营建防灾性能强的森林。为了固定不稳定的滑坡体，工作的重点被放在了修建拦沙坝（拦沙堤、谷坊）上，而对于如何提高人工林的防灾功能却几乎不予考虑。例如，栽植缺失主根的苗木、栽植容器苗、栽植大型苗木等，甚至误解为只要栽植牵伸阻力大的树种，就能形成抗灾能力强的森林。

① 对于山地治理来说，仅仅设置拦沙坝等人工构造物是非常不够的。拦沙坝虽然对于防止沟谷类的坍塌是有效的，但由于它只是点状、划线状布设，因此，对于防止面状分布的森林倒塌没有效果。所以，为了提高山地森林的防灾能力，必须要把设置人工构造物与营建防灾能力强的森林结合起来才行。

② 要营建防灾能力强的森林，最基本的就是提升森林自身的防灾能力。而要提高森林防灾能力，最重要的因素是根系。森林的防灾能力是通过“主根的生长”和“由粗壮侧根所形成的网络结构”而体现出来的。但是在很多时候，人们往往栽植的是主根无法生长的大苗、具有畸形根系的容器苗，或者主根和网络结构都不发达的细根茂密的苗木。换句话说，为了提升森林的防灾能力，以“主根能旺盛生长、粗壮的侧根能形成网络构造”为重点开展造林工程是不可或缺的（照片 1-10）。

③“只要栽植抗拔力大的阔叶树种，就能形成抗灾能力强的森林”，这一误解会导致防灾能力降低。测定树木的抗拔力（以下称抗拔强度），选择抗拔强度大的树种进行栽植不过是一种想法。这个想法从表面上看是有道理的，但却是无法得到实证的。毋庸置疑，这种想法包含着将来在防灾上可能引发重大问题的危险性。这是因为“即使栽植了抗拔强度大的树种，也不一定会长成抗拔强度大的树木”。另外，抗拔强度与山体垮塌之间并不具有直接关系。

树木的抗拔强度随栽植方法（树木的引入方法）的不同有很大变

照片 1-10　防灾能力强的"旺盛生长的主根"和"粗壮的侧根"

化，或是变强，或是变弱。从现行的苗木栽植来看，如果主根的生长受到妨碍，或者根系是纤细茂密的，即使是天生抗拔强度就很大的树种进行栽植的话，也会使抗拔强度降低。例如，自然生长的栎树抗拔强度虽然比落叶松或杉树要大，但栽植的栎树，其抗拔强度就不一定比栽植的落叶松或杉树大。

特别是在灾害迹地栽植栎树，其抗拔强度会显著降低。自然生长的栎树主要分布在较为干旱的凸起地形上，由于其根系可以深入到岩石的裂隙之中，此时它的抗拔强度与根系质地的强度有关，所以强度增加。然而，一旦将其栽植在土壤肥沃或者河谷等水分较多的地方，其根系就不会向下扎得很深、分布得很广。细而短的根系只能形成浅根系层，因此，它的抗拔强度就会显著降低。此时，它的抗拔强度与根系质地的强度不再有关，而变成与根系的形态有关。栽植树木的根系不会向下扎得很深、分布得很广，而且几乎不与相邻的其他树木根系形成网络结构，这一点应该引起我们的重视（照片 1-11）。

其次，分析一下为什么"抗拔强度与山体垮塌之间并不具有直接关系"。树木的根系能够提高土壤的抗剪强度（抵抗剪切的强度）。根的数目越多、越粗壮，抗剪强度就越高。这是因为根系可以增加土壤的内部摩擦力，或者是使土壤与根系之间的摩擦阻力增加。这样一来，树木的根系就能够提高表层土的抗剪强度（粘合力、束缚力）。不过，

照片 1-11　左图：细弱的栽植栎树的根系（栽植后 7 年）
右图：形成浅根系的栽植树木（栽植后 14 年）

这只是局限于根系伸展的范围之内。也就是说，只是以根系为中心的土体（根系土体）。在这个根系土体内部不会产生坍塌，坍塌只会产生于根系土体与根系土体之间。在山体和根系土体之间也能看到这种现象。对于根系土体相互之间的结合，必须依靠粗壮的侧根来连接；对于根系土体与山体之间的结合，必须依靠旺盛生长的主根深入到山体的裂缝之中。

通过以上分析我们可以了解到，并不是栽植抗拔强度高的树种就能营建强壮的森林，充分发挥植物的生理特性和生态特性来营建森林，才是我们应该遵循的基本原则。

照片 1-12　天然落叶松的粗壮主根

④ 简单地认为杉树或者落叶松的抗拔强度弱也是存在问题的。栽植的杉树林或者落叶松林其山地保护能力虽然比较弱，但天然的杉树林或者落叶松林其山地保护能力则明显很强。特别是其寿命显然比栎树要长很多，不能说它的山地保护能力比栎树要差（照片 1-12）。

现在的问题是，把抗拔强度高的阔叶树种与针叶树混合在一起栽植的话，是否就能够营建防灾能力强的森林。即使是混栽阔叶树种，如果也是像之前那样栽植主根被切断的苗木的话，也只能形成防灾能力弱的森林。另外，即使是在现存林木的林下栽植阔叶树，由于其难以健康地生长，它的山地保护能力也不会像所期待的那样强。

重要的问题是，我们如何营建强壮的杉树和柏树群落，如何营建强壮的落叶松群落。也就是说，如何使对象群落的山地保护能力得以增强。即使是抗拔强度较弱的树种，如何使其所具有的保护能力得到最大程度的提高，是我们应该研究的重要课题。这不论对于维持森林的多样性，还是对于满足人类的需求都是必需的。为此，我们要在谋求强化构成森林的各个树种功能的同时，还要注重使森林的综合环境保护能力得以提高。

如上所述，在山地治理、侵蚀控制领域中，特别是从谋求营建山地保护能力较强的森林这个角度出发，重视与山地保护功能有关的基本要素——根系的生长，是我们在施工中所应遵循的基本原则。

（3）造林工程中存在的问题

造林工程中存在的主要问题有两点：一是所营造的森林缺少多样性；二是所营造的森林防灾功能和水源涵养功能低下。特别是由单一树种所构成的、生态系统畸形的、一次性营建的人工林，产生了很多问题。如生态环境质量下降、发生洪水灾害、发生野生动物灾害以及群落寿命缩短等。

为了解决这些问题，最近几年来，以丰富群落的多样性、提高防灾功能、恢复植被的自我生长能力为目的，开展了抚育间伐和阔叶树混植。

间伐作为提高现存林地防灾功能的对策和增加森林整体生长量的对策是有效的。可是对于人工栽植林来说，即使是进行间伐，由于苗木移栽时被切断了的主根几乎无法再生，根系不能沿重力方向伸向地下深层，只能保持浅根系的状态。在栽植后的 5 ～ 10 年期间，林木的根系已经伸展到了坚硬的基岩处，即使是实施间伐，根系也几乎无法超越这个深度而侵入到基岩缝隙之中。这与人工栽植林的根系由不具备沿重力方向生长能力的侧根组成密切相关。

这就表明，间伐并不能使树木原本就具有的防灾功能从根本上得到恢复。间伐虽然能促进侧根的生长、提高树木的自我生长能力和防灾功能，但其效果不会永远持续下去。特别是对日本这样的多雨国家来说，随着树根的生长，树木的高度也会增加，会再次成为容易倒伏的形态。也就是说，间伐的效果对于提高防灾功能只是临时性的。所以，为了提高人工栽植林的防灾功能，必须要反复地实施间伐。

还有另外一种观点，那就是“如果侧根生长发育旺盛的话，即使主根不生长，森林的防灾功能也会得到提高，有此足矣”。但如果期望在变化剧烈的自然界中维持更长的寿命，则这种看法是极其不可取的。

主根呈桩子形（楔形）深入到地下，树木地上部分的重量（自重）以压力的形式作用在主根上。然后，主根把这个力传递给了地面，并以土桩（主根）与土体的摩擦力和地面支撑力来承受树木的自重。也就是说，随着主根不断向地下深入，树木的重量是依靠从地面获得的楔形力来支撑的。

在这个过程中，树木的重量作用在根部（树干和树根的结合部）上的力大部分是垂直方向上的压力，并在水平方向上不会产生很大的张力。即便是由于风的作用使树木重量的方向产生了变化，只要主根能够深入到地下深处，根部产生的张力会沿着根系纤维的方向扩散，就不会引发大的问题。

与此相对应的是，如果树木的主根消失了，则树木的重量必须要由侧根来支撑。也就是说，所有的重量都要施加在水平伸展的侧根上。树木的重量通常是以压力的形态作用在树干的最下端和侧根上，但在树干和侧根的结合部的下方还会产生张力。每当风吹过来时，这种似乎要撕裂树干与根系的张力会反复地产生。在树干和侧根的结合部的下方产生的张力，由于是施加在根系组织容易产生撕裂的方向上，很容易使得树干与根系的结合部产生开裂。随着裂口的扩大和腐烂，树木的防灾功能也会随之降低。镰仓鹤岗八幡宫倒伏的银杏树（2010年3月的强风，使得800年树龄的银杏树倒伏），就是典型的例子。从以上分析中应该能够理解，要营建出防灾功能强、寿命长的群落，主根的存在是不可或缺的。

再就是关于在现存的针叶林中混植阔叶树的问题。混植阔叶树虽然可以期待在某种程度上确保多样性，但却无法期待它们能健康地成长，也无法期待混植能使防灾功能得以显著提升。这是因为混植树木地上部分和地下部分的生长都会受到现存树木的强烈影响，难以健壮地成长发育。特别是在地下部分，即使是实施高强度的间伐，混植树木根系的生长发育也会受到抑制。如果使用的是主根被切断的苗木，由于主根几乎没有生长，也就无法推测其防灾功能是否得到提高。这还需要通过实践来验证。

（4）城市绿化、工厂绿化中存在的问题

城市绿化和工厂绿化的问题是：① 栽植树木的长势较弱；② 树木的寿命变短；③ 由于过度修剪等抑制了树木生长，致使其绿化功能无法充分发挥。作为具体现象，我们可以举出很多例子，如大分市工厂绿化中所使用的寿命在3000年以上的樟树，在施工后仅仅30年就开

照片 1-13　栽植 30 年后发生的樟树退化现象
（枝头枯萎、枝叶稀疏）

始退化，每次台风袭来，都会有行道树和公园里栽植的树木发生倒伏等等。这些现象的主要原因都是主根消失或者侧根发育不良造成的(照片 1-13)。

过早地衰退或长势减弱，是导致树木净生长量的减少、固定和吸收二氧化碳数量减少的原因。也就是说，会导致抑制气候变暖的效果和改善小气候的功能降低。另外，随着树木寿命的缩短，其吸收和固定二氧化碳的时间也就变短，由此带来抑制气候变暖功能的降低。

造成栽植树木长势欠佳或过早衰退的原因主要是起源于根系发育不良。移栽大型树木所造成的根系切断、容器苗所造成的根系畸形、大量使用客土所造成的生育基础湿度过大或缺氧等，是妨碍根系生长发育的主要原因。除此之外，为了造型所进行的过度修剪，也会导致树木长势的衰退。

上述案例说明，在城区，我们必须重视与当前环境保护对策并行的、面向未来的环境保护对策，必须营造面向未来的、具有可持续发展功能的植物群落。例如，把平面性质的屋顶绿化向永久性的森林结构方向转化，就是对未来环境具有前瞻意义的想法。再有，把迄今为止园林树木要一棵一棵种植的概念，向“恢复和构建可持续的生态系统”方向转化，即“从栽植树木转向恢复生态系统”。只有这样，城市环境才能永久性地享受到绿色所具有的各种功能的恩惠吧。

照片 1-14　高速公路等道路边坡上的不良景观

（5）道路绿化中存在的问题

在高速公路等道路边坡上，到处都可以看到一些不雅观的绿色。即使施工后已经过去了20多年，这种不良景观依然存在。被葛藤覆盖的坡面、被芒草等大型草本植物覆盖的坡面、先锋树种杂乱生长的坡面、被外来物种覆盖的坡面、栽种植物退化所造成的裸露坡面等等，杂乱交错，形成了与周边自然景观不相融合的特异景观（照片1-14）。

为此，最近各地都在进行高速公路边坡植被的全面清除工作。值得注意的是，对稳定边坡和固定吸收二氧化碳有作用的树林也被全部砍伐掉了。

如果绿化施工后经过了20年以上的时间，通常情况下会形成美丽的树林，产生与周边自然相协调的道路景观。但现实的情况是，即使是施工后经过了20年以上的时间，许多高速公路两侧原有的环境依然没有得到恢复。

未能产生与自然相协调景观的主要原因之一，是道路公团自成立当初直至后来的很长一段时间内，“未能制定边坡植被恢复的目标群落”。而他们提出的“只要引入外来草本植物，周边的植物就会自然地侵入进来，从而转化为与自然相协调的植被”的技术方针，最终造就了现在这种不良景观。

为了尽快形成与自然景观相协调、对边坡稳定有效果的坡面植被，在1986年提出“通过播种工程实现快速树林化的方法”的时候，由于该方法能够实现坡面快速树林化而受到人们关注，并开始在全国各地的施工中应用。道路公团也于1992年在长野高速公路的太郎山隧道附近开展了试验工程，实际验证了该方法可以实现树林化。

但是，通过播种工程（植被基质喷播工程）并使多种树木能够发芽成活，这需要高度的技术能力。由于不具备该技术的企业采用与喷射草本植物种子同样的方法进行施工，结果在全国各地出现了长满容易发芽的胡枝子和紫穗槐的坡面。原来长满草本植物的坡面，仅仅是简单地变成了长满灌丛植物的坡面，从生态环境修复保全的角度来看，很难说是取得了重大的进展。这是绿化目标或目标群落不明确所带来的结果。由此可见，提高对绿化的认识或者设定明确的目标群落是多么的重要。

如上所述，从生态环境修复保全的观点来看，现在高速公路等道路边坡的大部分，几乎都被低价值的植被所覆盖。今后重要的工作是，开展有防止气候变暖意义的绿化，创造对改善生态环境有效的绿色。要做到这些，以下三点缺一不可。即：① 设定目标群落；② 实施植被管理；③ 开展强化绿色功能和质量的施工。为了确保边坡的长久稳定，“营建主根发育的树林”和“绿化基础工程 + 树林”将成为道路边坡绿化的基础。

（6）采石迹地绿化中存在的问题

从采石迹地植物的生长状况来看，坡面上的草本植物一般都表现出发育不良，并且有着在短时间内退化变成裸地的倾向。在台阶处栽植的树木，大部分选用的是大型苗木，因此，生命力和生长状况都不是很好。从改善生态环境的角度来看，值得表扬的施工案例很少（照片 1-15）。

照片 1-15　难以栽种植物的采石场地形

在采石迹地进行绿化施工是很困难的，其原因有三点：一是采石迹地的坡度非常陡峭；二是采石迹地的表面为根系难以入侵的硬质岩石；三是施工难度大、需要先进的技术。其中最重要的原因是生育基础的状况，采石迹地并不适合于植物生长。

残留边坡的坡度是决定栽种的植物能否永久生存的主导因素。虽然通常是把边坡的坡度控制在 60° 以下，但在大多数情况下，坡度都在 60° 以上。60° 以上的急陡边坡对植物生长是不利的：① 植物生长会快速衰退并失去永久性；② 周围植物的稳定入侵（种子固定、发芽生长）会受到显著限制；③ 植物衰退的同时，表层土壤会变得容易塌落。这就是要把边坡坡度控制在 60° 以下的理由。

为了在采石迹地引入具有环境改善能力的木本群落，我们提出以下几点最低限度和最优先的对策方案：

① 把生育基础的坡度控制在 60° 以下；② 挖掘作业时尽量多留出一些宽度 50 ～ 100cm、高度 100cm 左右的护坡道。由于设置了护坡道，可以确保生育基础的稳定，并使木本植物的稳定入侵成为可能。

Ⅲ 新的绿化观念

1 绿化概念的转变

(1)为了维持和保护生态环境的绿化

绿化原本就是为了维持和保护孕育生命的生态环境所进行的事业，也是为了保全生命环境或保障资源的永久可持续而进行的事业。

“绿化的目的”就是生态环境的修复和再生，即修复和再生“生物生存的环境”与“生命生息的环境”。它不是为了改善外观，外观好看并不意味着生态环境被改善。砂浆防护的边坡坡面即使用葛藤覆盖，也不能改善生态环境。把外观弄得好看只是为了人的视觉，它不过是一种为了满足人类精神上临时欲望的行为而已，对失明人士就无任何意义。如果过于强调外观的好看，忽视了植物的生理特征，最终只能制造出不良的生态环境。遗憾的是，人们目前正在进行的就是这种视觉享受优先的绿化。

(2)栽植大树的误区

从生态环境修复和再生的角度来看，栽植大树或者壮龄树并不是最好的方法（照片 1-16）。

照片 1-16　栽植壮龄树导致生态环境改善功能低下

似乎很多人都认为栽植大树对环境改善是有效的，但实际上并非如此。大树的确具有很强的环境改善能力，但如果是栽植的话，其环境改善能力就会大幅度降低。而且，栽植的树木越大，树木长势衰减得越快，树木原本所具有的功能越是无法充分发挥。也就是说，栽植的树木越大，其活动周期就会变得越短，栽植后的环境改善量的总额（总量）就会减少。如此一来，我们必须要考虑栽植大树有可能使将来的环境改善总量减少这一不利因素。速成式的绿化，其效果也只能是短暂的。临时利用一下大型树木所具有的较大的环境改善能力是必要的，但创造在未来可以持续的良好生态环境则是更重要的。

“环境是在小树长大的过程中被改善的”。随着树木旺盛的呼吸活动,环境被慢慢地改善。环境不是一次就可以改善的,只能在种植小树、并将其培育长大的过程中，慢慢地得以改善和恢复。使环境改善能够持续下去是最重要的。

（3）修剪树枝成为二氧化碳的发生源

树木经常被进行“修剪”，剪掉的树枝就变成了二氧化碳的发生源。尽管树枝从空气中吸收了二氧化碳，但剪掉的话就会放出大约同等数量的二氧化碳，所以修剪树枝对环境改善没有多少正效应。对于修复和改善生态环境最有效果的是能够大量吸收和固定二氧化碳的树林。我们希望树林的枝条能够自由生长,树干能够粗壮结实。也就是说,培育不必要修剪的树林是很重要的。

上述这些以视觉和外观作为评价基准的绿化，对于解决当今的环境问题几乎没有什么帮助。因此，我们有必要提出与时代相适应的“新的绿化观念”，有必要为创造“生物生存的环境”和“生命保育的环境”而做出努力（照片 1-17）。

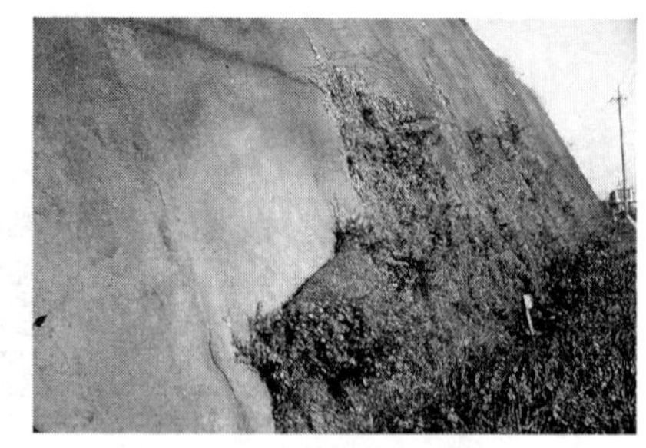

照片 1-17　不适宜生态环境改善的、景观优先的绿化

2 尊重自然形成机制的技术

为了修复和再生生态环境，首先需要探索自然的变迁和自然的节奏。特别是需要搞清楚植物群落的形成、维持和发展的机制。其次，比较和分析自然绿色与人工绿色在生态环境修复改善功能上的差异，也是重要的课题。

例如，在调查急陡边坡上天然树木根系的伸展状况时可以看到，树木通过调整根系的伸展方向来适应边坡的坡度，进而取得平衡并支撑树木的重量，在边坡上生长发育。但在急陡边坡上栽植树木的根系，就不会适应边坡坡度的变化而调整伸展方向，因此就难以支撑树木的重量。

正因为如此，尊重自然的形成机制，并按照这个机制来实施绿化工程是非常重要的。特别是如何营建与天然林根系构造相似的树林，是一个重要的课题。

3 对生态环境改善有效的植物群落及其条件

绿化本来就是为了“维持和保全孕育生命的生态环境”而进行的事业。也就是说，绿化是为了保全生态环境和保障资源的永久可持续，是以有效地利用森林所具有的多种功能为基本前提的。因此，应该进行重视绿色功能和质量的绿化。

森林所具有的生命环境维持功能有以下几种：如保持大气成分、涵养水源、防止洪水、调节气候、保护土壤、防止崩塌、吸收固定二氧化碳、维持生物多样性、净化大气、防风、保护景观、稳定情绪、生产资源等。这些功能不是一个个地被发现的，而是作为一个各种功能相互连接、有机结合的综合体而被发现的。并且，这些功能随着植被种类、群落构成、树龄、树高、有机物产量、根系形态的不同而显著不同，随着植物引入方法的不同也会产生很大差异。

因此，要构建良好的生态环境，采用与绿化目的、绿化质量（目标群落）相适应的绿化技术是极其重要的。也可以说，采用了合理的绿化技术，就掌握了构建多样性丰富的生态环境的关键。

下面，我们讨论一下如何构建对于提高各种环境保护功能有效的森林。

（1）大气成分保持功能强的森林及其条件

大气成分保持功能，是指可持续地保持生物生存环境中的大气成分的功能。一般情况下，树木生产 1kg 的淀粉纤维素，需要吸收 1.6kg 的二氧化碳，放出 1.2kg 的氧气。正是由于树木所具有的这个功能，才把被二氧化碳和氮气所包围的生物无法生存的地球环境，改变成为生物能够生存的环境，并维持至今。其中，目前得到特别重视的功能，是树木对大气中过度增加的二氧化碳的固定和吸收。

树木对二氧化碳的吸收量，随着树木的年净生长量（总光合成量—呼吸消耗量）的增加而上升。树木的寿命越长，则对二氧化碳的固定时间就越长，固定量也就越多。也就是说，树木吸收和固定二氧化碳的功能，是与树木的生长特性相关联的。

一般来说，由于栽植树木根系的旺盛生长受到抑制，其寿命与天然树木或播种树木相比要变短，因此，对二氧化碳的吸收固定量也就变少。栽植的大苗、大树、高龄树木，由于其根系被切断（特别是主根消失），除了根系向周边大范围的生长伸展受到抑制之外，地上部分与地下部分之间的水量分布平衡也受到严重破坏，因此，导致生长量的降低或者使寿命减短，对二氧化碳的吸收固定量也就随之减少。所以，增强树木的大气成分保持功能，不是要栽植大型树木，而是要把小树培育得更加高大、寿命更加延长，这才是最基本的。

从上述分析中可以看出，作为对抑制全球变暖有效的森林，其主要条件是：① 生长量大而且能持续，② 寿命长；而作为对抑制全球变暖有贡献的森林，其必不可少的条件是：营建主根发达的森林。

（2）山地保护功能强的森林及其条件

山地保护功能，是指根系对风化土壤的固结能力。这种固结能力与树种和根系的发达程度（有无主根、主根的长度、网络结构的发达程度、根系的伸展范围、侧根的粗细、根系密度、树龄等）有很大的关系。特别是主根发达的森林，或者由粗壮侧根构成的网络结构发达的森林，其山地保护功能就强。反过来，没有主根的森林、根系网络结构不发达的森林、须根茂密但没有粗壮侧根的森林、根系伸展范围狭小的森林等，其山地保护功能就弱。

与天然树木或者播种树木相比，栽植树木的山地保护功能就弱。其原因在于，栽植树木的根系与天然树木或者播种树木不同，主根消失了，须根茂密但难以形成强有力的网络结构。随着树种的不同，山地保护功能也会有差异，这种差异在于根系的强度（拉伸强度、剪切强度）是与根系形态相关联的。所以，即使是栽植抗拔强度（抗拉力）大的树种，由于根系形态存在差异，也不一定都能形成山地保护功能强的树林。这已经被许多事实所证明，例如在土壤水分丰富的河谷地带种植栎树的话，其根系就会变细、变短，伸展范围也会明显缩小等。

从上述分析中可以看出，作为山地保护功能强的森林，其主要条件是：① 主根不消失且向地下深处生长；② 由粗壮的侧根形成网络结构；③ 根系的伸展范围很大。另外，为了营建山地保护功能强的森林，采用能够促进主根发育、和根系网络结构发达的绿化技术，具有特别重要的意义（照片 1-18）。

照片 1-18　山地保护功能强的粗壮主根

（3）水源涵养功能强的森林及其条件

水源涵养功能，是指让水缓慢流动的功能。树冠截留降雨，可以促进雨水向土壤中渗入，并且增加土壤含水量，通过这个作用能够提高森林的水源涵养功能。水流的速度越缓，越能使更多的动植物栖息，还能减轻洪水灾害，维持河流正常的水量（常年水位）。这个功能虽然与森林的生长状况、土壤渗透系数、林冠截留量、土层厚度等相关，但主导因素还是土层厚度。土层越厚，林地的蓄水能力就越强，控制森林水分流出的能力也就越强。

土层的厚度，主要是伴随着主根向地下生长所形成的。主根是具有沿着重力方向生长性质的根系。伴随着主根的延伸，水和空气（氧气）会随之侵入，根系侵入困难的硬质土壤（一般是指山中式土壤硬度计指数在 25mm 以上的土壤）会被逐渐地风化。主根在风化土壤中沿着重力方向进一步延伸，并与下层的硬质土壤相接触，通过水、空气、酸性的根系分泌物等物质的作用使土壤风化继续进行，风化土层也就随之不断变厚。

但是，侧根几乎不会使风化土层变得更厚。这是因为侧根是具有反重力方向生长性质的根系，所以大部分的侧根是沿着地表面的方向生长。即使是遇到根系容易深入的土壤，也少有沿重力方向生长的侧根。栽植树木的根系大部分是这种侧根，所以只能沿着地表方向形成浅根系层。一旦形成密集的浅根系层的话，土壤渗透系数会随之下降，降雨引发的表面流就容易发生。再有，密集的侧根会妨碍水和空气进入到土壤深处，从而抑制主根的生长。这样一来，纤细侧根密集生长的森林，很少能形成更厚的土层，其结果是妨碍了山地蓄水能力的扩大，妨碍了水源涵养功能的增强。这主要是在人工栽植林中出现的现象。

最近，在人工栽植林频繁发生一些被认为是水源涵养功能降低的现象。如台风或暴雨所引起的人工栽植林大规模倒塌现象，或者从人工栽植林所覆盖的山地中急速地流出大量的雨水所引发的大洪水现象。这种集中在栽植林所发生的现象，起因就是该林地的蓄水能力较小。这可以通过栽植林所形成的细根密集的浅根系层来印证。这也表明，森林的水源涵养功能，可能随着森林营建方法（有无主根）的不同而发生很大的变化。

从上述分析中可以看出，作为水源涵养功能强的森林，其主要条件是：① 具有侧根不密集、主根能向地下深入生长的根系结构；② 能形成更深厚的土层；③ 能形成多层次的树冠结构等。

（4）调节气候功能强的森林及其条件

调节气候的功能，是指使气温、湿度、风力等气象要素的变化幅度减小的功能。例如，抑制城市热岛现象所造成的气温急剧上升、抑制气温显著降低等。树木从根部吸收到的水分通过气孔蒸散时所消耗的汽化热，能够抑制气温的急剧上升。因为蒸散掉1g的水分大约需要600卡路里的热量。森林的存在能够扩大热容量或者降低空气的流动速度，能够抑制气温的显著下降。

从上述分析中可以看出，调节气候的功能，一般来说可以理解为随着绿化覆盖率（绿量）上升而增强。所以，作为调节气候功能强的森林，其主要条件是：① 绿量多（绿化覆盖率高），② 树冠发达的高大树木（不会因修剪等造成绿量急剧减少的树木），③ 根系伸展到地下深处、土壤水分的吸收范围大等。

（5）生物多样性维持功能强的森林及其条件

生物多样性维持功能，是指能够长久地维持、保全、创造自然生态系统的功能。森林能够创造出各种各样的生物栖息环境。这是因为森林通过“发达的空间结构”和“能连续供给的巨大现存量（无限量地生产食物）”，使得生态位不同的大多数生物种群能够共生，并形成多样化的群落结构。它通过复杂的食物链使自然生态系统保持稳定，起着维持保全生命环境（生物生存的生态环境）的作用。

作为生物多样性维持功能强的森林，其可能存在的基本因素是具有多样性丰富的土壤。通过土壤微生物、养分、土壤结构的多样性产生流畅的能量循环，使种类多样的动植物能够生存，从而形成和维持多样性丰富的群落。另外，在恢复多样性的过程中，先锋植物、成为动物食料的植物、草本植物等起着重要的作用。

从上述分析中可以看出，作为多样性维持功能强的森林，其主要条件是：① 土壤具有丰富的多样性（微生物、养分、土壤结构等多样性）；② 由多种植物物种所构成；③ 这些多样性能得到持续性的不断改善等（照片1-19）。

（6）自然景观保护功能强的森林及其条件

自然景观保护功能，是指能给人们带来平和心态的功能，是能让人类与自然和谐相处的重要功能。森林的自然保护功能，基本上是以多样性丰富的森林为基础所构成的。它通过自然界远超过人类认知的、无法预测的复杂性和变化，使看到它的人身心能得以放松。因此，森

照片 1-19　生物多样性维持功能强的群落

林所具有的必要条件，就是使丰富的多样性能够持久性地变化。这种绿色，不是那种用攀缘植物覆盖在砂浆表面的没有发展性的绿色，而是能向入侵或引入的植被迁移、并且能向宇宙空间持续扩展的绿色。

（7）木材资源维持和生产功能强的森林及其条件

为了修复和再生正在受到破坏的地球生命环境，必须要减少化石燃料的消耗。而作为其对策，就是利用不会造成二氧化碳排放量增加的木材资源。但是，如果积极地利用木材资源的话，会使得木材资源储量急剧减少。所以，如何可持续地利用木材资源，就成了我们需要解决的问题。为此，就需要在生产力高的土地上培育速生树种。

例如，比较一下 30 年生和 50 年生的树木每公顷生长量，如下表所示，我们会发现不同树种之间有着很大的差异（图表 1-1）。

图表 1-1　不同树种生长量的差异（森林专家必备、1987 年版）

树种	30 年生（m^3/hm^2）	50 年生（m^3/hm^2）
柳杉	350 ~ 400	600 ~ 700
日本赤松	200 ~ 250	300 ~ 400
落叶松	250	350
日本扁柏	200 ~ 250	350
阔叶林（薪炭林）	150	200 以下

从表 1-1 中可以看出，每公顷生长量最多的是杉树，然后依次是日本赤松、落叶松≒日本扁柏、阔叶树。阔叶树的生长量明显偏低，这与它是多个树种混交的天然林有关。

作为参考，我们可以对比一下农作物年产量与森林年生长量的差异（图表 1-2）。

图表 1-2　农作物年产量

农作物	年生产总量（t/ hm^2）	测量人
水稻	55	日本最高产量的近似值
玉米	20	Transeau
柳杉	50 ~80	只木等人，1966年

通常，农业需要人类提供辅助能源才能增加产量。所以，农业产量看起来好像很多。但是，如不能每年持续性地提供辅助能源，农业产量就会显著下降。与此相反，森林生长量是没有获得人类提供辅助能源的产量，是可以年年持续性产出的有机物总量。也就是说，如果认识到森林生长量是在没有辅助能源持续供给条件下所获得的，则可以说它远远超过了农业产量。森林生长量远比农业产量要高的原因，在于森林具有多样性丰富的立体结构，具有能更多地吸收光和水等外来能源的机制，而且地下部分的生长空间也很大，能够使生态系统的能量循环得以连续性地、持久性地进行。

从上可知，人工建立的生态系统，其总生产力是难以超越自然生产力的。也可以说，森林生长量毫不逊色地胜过最高的农业产量。这提示我们，通过改进绿化技术（引入方法、管理方法），有可能使有机物生产量得到进一步的提升。更重要的提示是，人类应该如何更有效地利用（接受）自然所具有的能源（自然提供给我们的能源），如何使生命活动能在它最旺盛的时期得以蓬勃发展等。

综上所述，要想改善受到破坏的生态环境，首先要营造具有突出环境改善能力的森林。为此，我们必须要做到：① 重视森林所具有的各种环境保全功能和提高森林的质量；② 谋求形成多样性丰富的森林机制；③ 力图促进根系生长和扩展生长空间。

第 2 章

保护生态环境的绿化技术

繁育恒久、生物多样性森林的技术

守护生命的绿化

为了保护生命，人类从遥远的古代就已经开始了对绿色植被进行恢复、重建、复原和管理。在东北地区和日本海一侧，从 1500 年起就已经盛行营造水土保持林、防风林、防沙林（防潮林、海岸带沙丘造林），1800 年开始营造水源涵养林和针对荒山的泥石流防护林。在第二次世界大战之后，为保护环境的绿化技术得到了急速的进步和发展，特别是针对当时绿化困难的急陡坡地和荒山的绿化技术研究不断深入，设计和开发了许多绿化技术。正是由于这些成果，使得现在如果不问绿化质量的话，无论对什么样的场所都可以实施绿化。还有，作为自然环境保护的协调者，这些绿化技术在应对由战后大规模的荒山和国土开发所引起的自然变化上，起到了极其重要的作用。尽管全国各地都在进行大规模的道路建设、农业开发和城市住宅开发，像现在这样许多绿色植被能得以恢复，很多都是得益于这些绿化技术。

绿化这个词从儿童到老人都在广泛使用，其必要性也广为人知。但是，一般的人对于绿化的技术性内容基本上不清楚。大部分人把绿化理解为“植树”，认为只要进行植树的话，无论什么样的地方，树木都可以顺利生长，都能形成好的生态环境。

从裸地一夜之间变成树林、在植物无法自主生存的高速公路高架桥下植树等现状来看，深感人们对于绿化的认识还存在着很多的误解。

绿化是指恢复被破坏掉的自然生态系统，而不是制造一个在自然状态下无法生存的人工生态系统。如果缺少这样认识的话，绿化将会成为像鸟笼、花盆之类的东西。短暂的草花绿色和装饰绿色是不能创造出有利于生物生存的环境的。我们所期待的绿色，应该是能够修复受损地球环境的绿色，是能够有助于创造出丰富多彩自然环境的绿色。

尽管如今有关绿化的必要性已经是众所周知，但对于被引进绿色的功能和引进技术有深刻认识的人并不多。即使是从事绿化规划和设计的人，也并不是都对绿化有深刻的理解。因此，在现实中我们经常看到有许多对改善环境没有太大作用的绿化，或者是虽然已经有了相当先进的绿化技术，却没有将之有效地加以利用。

因此，在本章之中，我们将讨论为了创造出适宜生命生存的理想环境，应该开展什么样的绿化。

I 什么是绿化？

1 绿化的目的

所谓绿化，是指以持续性地保护“适宜生物生存的理想生态环境”为目的而实施的行为，是使森林（植物群落）所具有的多样的环境保护功能得以有效利用的环境保全技术。换句话说，绿化是充分利用绿色的力量，以修复和再生因人力和自然力而受到破坏的自然界为目的的技术。绿化并不是一种文化，而是为了保证生活环境的稳定、创造文化发展基础的一种行为。

2 绿化的基本想法

（1）有助于自然恢复

人类虽然可以植树（绿），但却无法创造出环境保护功能很高的绿色。这是因为对环境保护有效的绿色，是由绿色自身创造出来的。随着生育状态的不同，环境保全功能也不尽相同。健康生长的话，环境保护功能就很高；软弱生长的话，环境保护功能就变低。这就是植树并不意味着能够得到对环境保护有效的绿色的原因所在。

这就是说，绿色并不是由人所创造出来的，而是由自然的生命力（恢复力）所创造的。对自然恢复力伸出援手的行为就是绿化，就是通过人类的干预，使自然恢复力更容易得到发挥。

例如，对于一块被丢弃的裸地来说，如果表层土壤总是处于不断移动状态中的话，不论经过多少时间，植物也难以侵入并稳定生长。但是，如果表层土壤的移动是极其缓慢或者停止的话，植物就能够侵入。因此，对于表层土壤不稳定、植物侵入困难的地方，如果覆盖用稻草等编织而成的草帘子（植生带）来防止表土的移动，植物就会很容易地侵入。即使没有播撒种子，植物也会生长出来。这是因为植生带创造出了适宜发芽和生长的良好条件，自然地，就可以使飞散的种子在此发芽生长。

另外，对于人工种植了植物的地方来说，并不意味着在此之后植物就能顺利地生长。干旱、霜冻等原因也可以使植物枯死。如果土壤几乎没有养分的话，植物体将表现出在自然状态下难以生长的营养不良状态。对于这种情况，如果将环境改造为可以确保土壤水分和养分的话，植物就能够得到良好的发育，荒芜的生态系统就能够得到逐渐恢复。

如上所述，丰富的自然生态系统是不能通过强迫自然而创造出来的，尊重自然的力量并且将之有效地利用是最重要的。也就是说，造就有利于植物发芽、定植、生长的环境，充分发挥自然生命力的作用是基本原则。只有这样，才能形成丰富的自然生态系统。

（2）有助于绿色功能的恢复和提高

绿化是以发挥绿色所具有的环境保护功能、修复和再生生态环境为目的的，所以，如何提高引入绿色的环境保护功能是最重要的课题。为此，我们必须要认识到，随着植物引入方法的不同，植物所具有的环境保护功能存在着很大的差异。

① 引入小树苗并将其培育长大的方法，有助于提高环境保护功能

越是栽植大树苗，越会形成无法应对自然变化的绿色。栽植大树或大树苗的话，从树叶蒸散掉的水分比树根从土壤中吸收到的水分要多，植物容易枯萎。这是因为越是大树根系被切断的也就越多，根系的伸展范围被缩小，地上部分和地下部分的水分平衡也就因此被破坏了。

由此可见，栽植大型树木虽然可以暂时地看到绿量增加，但栽植的树木越大，其后的生长状况就越不好，长势很早就会衰退，寿命变短。也就是说，越是栽植大型树木，环境保护功能就越低。因此，要想营建环境保护能力高的植物群落，引种小树苗并将其培育长大的方法比较有利。

② 种子直播比移栽苗木更有助于提高环境保全功能

植物引入方法可分为移栽苗木和种子直播。一般来说，移栽苗木的方法比较常见，但播种育林（播种技术）的方法更能形成环境保护功能较高的绿色。这是因为两者之间的根系活力不同。播种所形成的

树木根系，其直根沿重力方向伸向土壤深处，根系的发育空间更加广阔，树木因此可以长得更大，寿命更长。而栽植的树木因其直根被切断，只能密集地发育纤细而短小的侧根，根系的发育空间狭小，难以形成树木原有的生长态势。由此可见，为了营建环境保护功能更高的植物群落，采用播种育林的方法能应对环境的变化，并且培育高大树木，是更有利的方法。

③ 使用容器苗会降低环境保全功能

容器苗的成活率虽然高，但不适宜营建寿命长、功能全的森林植被。这是因为容器苗妨碍了植物根系的正常生长，产生了形态异常的根系，所以只能产生环境保护功能低下的森林。特别是防灾功能低下。

（3）有助于生态系统的早期恢复

绿化的重要目的之一是促进植物演替。通常，在干燥裸地上发生演替的话（旱生演替），植物按照如下的顺序入侵、发育和变化。这种植物群落（生物共同体）的变化，被称之为演替。

地衣•苔藓→一年生草本→多年生草本→阳性树林→阴性树林（顶级群落）

在演替过程中，引种植物必须要考虑的重要原则有以下几点：

① 构成植物群落的树种，从对土壤肥力要求低的物种向要求高的物种转变；

② 随着演替的进行，从低矮的物种向高大的物种转变；

③ 随着演替的进行，从短寿命的物种向寿命长的物种转变；

④ 演替程度越高，土壤层越厚；

⑤ 演替程度越高，土壤微生物的活动越强；

⑥ 在向顶级群落转变的过程中，先锋树种发挥着重大的作用。

但自然界出现裸地后，首先侵入的是在贫瘠的土地上也能生长的植物，这就是对土壤肥力要求较低的先锋植物。随着先锋植物的侵入，贫瘠的土地逐渐改变为肥沃的土地，土壤层厚度增加，微气象环境也逐渐得到改善。

当生长环境随着先锋植物的侵入而逐渐得到改善之后，在这种被改善的环境中能够生长的植物就会入侵，从而进入下一个阶段。随着这一过程不断地重复，植物群落也一点点地发生变化。当生长环境进一步转变为良好状态时，不久后，构成顶级群落的树种就会侵入，顶级群落就此形成。一旦形成顶级群落的话，这个群落的构成几乎不再发生变化。植物演替就是这样进行的。

从植被是通过巨大的自然力量而发生转变的这一过程中可以看出，要想建设与自然相协调的绿色，重视这一巨大的自然变迁、不违背这一变迁的进程是非常重要的。如果违背了这一自然规律，只能使得引种的树木功能下降，或者寿命变短。

另外，在上述的演替进程中，应该进一步重视的事情是，现有的植物群落，是在前期生长的植物群落（包含动物、微生物等）所创造出的、具有复杂结构的基础上生长发育的。我们应该认识到，只有在这种经过长期培育所形成的、具有复杂结构的基础上才能让现有的植物群落生存。这个问题，在下面讨论“被引种的潜在自然植被（构成顶级群落的树种）的早期退化原因分析”时，会给我们重要的提示。

很少有人触及初期阶段的演替过程与绿化的关系。决定地衣和苔藓类植物是否能侵入裸地的最重要的原因是地表面是否稳定。如果稳定的话，随着水分的差异，不同种类的地衣和苔藓类植物将侵入进来。为促进这种侵入、并使植物成活的绿化技术有好几种，如覆盖植被带、覆盖植物体、喷播堆肥等有机质、喷播孢子或切断的植物体等。

地衣侵入并成活的话，基础会因此而一点点地发生风化（生物风化）。另外，从上部流失下来的微细土壤颗粒会在地衣表面堆积，使得土壤层逐渐增厚。对于由酸性地衣所形成的土壤层，适宜耐酸的草本和木本侵入；而对于由碱性地衣所形成的土壤，适宜耐碱的草本和木本侵入。但是，即使植物侵入了也并不意味着它会立即长大。经过多次的枯荣反复，一旦土壤层达到了一定的厚度，适宜这一厚度生存的物种才能存活。植物的生长高度与土壤层厚度有关，而决定植物能否存活和发育的因素则是水分的提供和维持。

地衣和苔藓类存活的基础一旦形成的话，可以认为演替将按照“一年生草本→多年生草本→阳性树林→阴性树林”的顺序进行，但并不是在所有的地方演替都会按照这个顺序进行，从中间的某一阶段开始进行演替的现象也是常见的。例如，在含有砾石的土堆上，经常可以见到最先侵入的是阳性树种的幼苗以及由其所形成的景观。这是因为随着裸地表面状态的不同，植物的侵入存活将受到限制。对于草本植物的侵入存活可能是不利的条件，但对于阳性树种的侵入存活却可能是有利的条件。

像这样，在引入植物时，只有满足目标植物侵入、存活所需要的条件，植物才能引入成功。也就是说，在演替过程中引入植物的话，有可能形成演替中间阶段的植物群落。

如果在裸地可以直接形成木本植物群落的话，引种草本或草本植物阶段是否就可以不需要了呢？实际上，草本植物并不是简单地就能够被省略掉的。这是因为省略掉草本植物，会给木本植物及其以后的生长带来负面影响。在演替过程中，必须要考虑草本植物的作用。

草本植物对土壤形成起着重要的作用，能够防止土壤微粒的流失，防止土壤贫瘠，促进土壤肥沃，在土壤中构建了空气和水分的循环机构。因此，在有草本植物生长的地方不会有混浊的水流流出。草本植物还能使微生物的活动更加旺盛。草本植物通过上述这些作用，支撑着功能健全的树林形成。

与草本植物同样，正确理解演替过程中先锋树种的作用也是非常重要的。先锋树种具有在缺少养分的贫瘠土壤中生存的能力。例如，通过与根瘤菌和放线菌等共生而生存在贫瘠的土地上，并使这块土地逐渐变得肥沃；再有，通过侵入贫瘠的土地并在此生存，改变其周边的微气象环境，使得生存状况得以好转。因此，在引种植物时，积极地发挥先锋树种的作用是非常重要的。

虽然在引种植物的过程中，有可能形成如上面所说的中间状态的植物群落，但现在的绿化技术，并不能构建所有的植物演替的全过程。从地衣阶段到顶级状态初期阶段的过程中，能够人为地再生出许多阶段的植物群落，但顶级状态的植物群落是不可能人为构建的。即使是强制性地引种顶级群落的建群种，也不会变成顶级状态的植物群落。从外观上看虽然像是顶级群落，但实际上维持顶级状态的内部机制是在倒退的，不久后，只能从中途再重新向顶级状态演替。这种逆向演替的例子是很多见的，其原因就是不具备顶级状态植物群落持续生存的立地条件（生存环境），即复杂的生存环境其内部机制是无法人为地构建的，无法使土壤中的水分循环、养分循环、微生物活动等恢复到自然状态。

反过来，人类可以通过研究分析植物的组合特征，促进演替及早地、顺利地进行。例如，将先锋树种和阴性树种组合在一起引入的话，可以促进阴性树种的生长发育，使演替顺利地向阴性树林方向进行。依据自然界的变化规律，在一定程度上缩短演替的过程，或者促进演替的进行，这才是绿化的重要作用。

Ⅱ 恢复自然的基本原则

对于试图恢复、保护自然环境来说，以下的这些原则是非常重要的：

① 有助于发挥自然界本身所具有的复原能力（再生力）；

② 在自然生态系统的框架内培育植物；

③ 尊重自然形成的顺序。

如果背离这些原则的话，在恢复生态系统时就会产生许多问题。例如，移植大树会产生这样一些问题：看上去绿量是增加的，但由于树木本来所具有的生长能力在降低，因此后期的绿量会减少；抗灾能力低下；有形成与自然生态系统不同的生态系统的危险；推迟原有生态系统的恢复；寿命变短等。其结果是形成了环境保护功能低下的植物群落。

1 以恢复自然生态系统为基础

对于保护自然环境来说，首选需要考虑的是恢复自然生态系统。这是因为由自然所创造出的森林（天然林）不容易遭受自然灾害，而由人工所建植的森林（人工种植林）很容易遭受灾害，两者之间在生命力和功能上存在很大的差异。种植林从外观上看虽然像天然林，但根系形态与天然林不同，因此，环境保护功能就比较低。一定要提醒自己不去制造不自然的绿色，这是很重要的。

2 尊重自然恢复的顺序

按照自然恢复的顺序引种植物的话，就能形成与自然相近的群落。不考虑自然恢复的顺序，直接把构成顶级群落的潜在自然植被引入裸地的话，几乎无法正常生长。因此，使得生态系统的恢复缓慢，森林功能降低。

另外，引入的客土过厚的话，会形成与自然不同的异质群落。环境保全能力高的森林，是由自然力的蓄积而创造出来的，是由自然界所具有的复原能力的累积而创造出来的。因此，轻视自然的复原能力的话，即使是引种潜在的自然植被，也无法构建与自然具有相同功能的群落。在植被恢复上，积极、有效地利用自然所具有的复原能力（恢复力、再生力、治愈力）是极为重要的。

3 采用与自然恢复机制相近似的方法

采用与自然恢复机制相近似的方法引种植物的话，就能形成更接近于自然、具有类似功能的群落。例如：栽植小型苗木就比栽植大型苗木更能形成接近于自然的群落；播种育苗方法就比移栽苗木方法更能形成接近于自然的群落。

一般来说，从种子开始培育长大的树木（自然树木、播种树木），首先是根据其所在地点的立地条件生长根系，然后在根系平衡的基础上再生长地上部分。正因为如此，在持续干旱时很少枯死，在强风时也很少倾倒。栽植的树木则与此相反，从栽植那一时刻起，地下部分与地上部分之间的平衡关系就被打破，由于其根系的形态与自然树木完全不同，群落所具有的功能也就变得很弱。特别是栽植大型树木、壮龄树、成树、大苗木的话，自然系统的恢复变得缓慢，群落的环境保护功能显著降低。如果比较树木的抗拔强度（拔出抵抗力），就很容易理解这个问题。由此可以看出，引种植物时，应该采用更接近自然的引种方法。

Ⅲ 恢复自然的前提条件

引进绿色是为了创造出与自然相协调的理想环境，再就是为了修复和改善过度开发和不良环境。在实施绿化时，有三个注意事项应该作为其前提条件：1. 把对自然的改变量限制在最低程度；2. 促进生态系统的早期恢复；3. 重视 30 年后所形成的环境（未来的环境）。

1 把对自然的改变量限制在最低程度

人类为了追求优越的生活条件，总是在所到之处对自然界进行改变。但这个改变并不都应该被称之为破坏自然，只有当改变量超过了自然界所具有的复原能力（恢复力、再生力、治愈力）时，才能认为是破坏自然。在以下条件成立时，可认为发生了破坏自然的问题。

开发行为所产生的改变（质、量的变化）－自然的复原能力（质、量）＞ 0

为了减少破坏自然，需要做的是：① 减少开发量；② 提高自然的复原能力。开发量越大，自然的复原能力就越小，修复和再生就越困难，复原速度缓慢，复原效果也难以显现。另外，修复和再生需要高度的技术能力。因此，为了避免降低自然的复原能力，首先，是必须把对自然的改变量限制在最低程度。其次，是在提高自然的复原能力上下功夫，如充分利用含有种子的表土、充分利用先锋植物等。

2 促进生态系统的早期恢复

绿色在受到破坏的状态下被搁置不管的话，不仅自然界复原缓慢，而且荒芜的状态会向周边扩大。如土壤向下游方向流失、诱发灾害、气温和风等微气象条件产生大幅度变化等，最终造成周边环境恶化。这一变化会波及周边地区植被的生长和动物的生存，因此，尽早地修复和再生受到改变的生态系统是非常重要的。

3 重视30年后所形成的环境

开发是以创造比以前更好的环境为目的，如果形成的环境比以前还差，与其说是开发，不如说是破坏。开发以后，生态系统虽然能每年一点点地恢复，但放任不管的话，环境会变得比以前更差。也就是说，不伴随绿化的开发活动，将会使生态环境（生物的生存环境）恶化，整个区域、甚至于整个国家都将陷入不良环境之中。

但是，如果能对自然恢复给予充分重视，引入对生态环境修复和再生有效果的绿色，就能够创造出理想的生态环境。

对于创造理想的生态环境来说，追求短暂的绿色，或者引入无助于生态发展的绿色，都是不正确的。应该以“被引入的绿色在将来能够形成什么样的群落？在30年后能够创造出什么样的环境”的设想为基础去进行规划、设计和施工。换句话说，应该研讨在施工10年后、30年后、50年后、100年后创造出什么样的生态环境才是理想的，并以此为出发点来决定现在应该构建什么样的群落。即对于生态环境的修复和再生，把着眼点放在未来，“来自未来的思想表达”是很要紧的。这是对于解决环境问题非常重要的思想。

环境保护的理想植物群落

1 生态环境保护的理想群落

作为“生物生存的生态环境”，什么样的植物群落是其所需要的？在此，我们来思考一下所谓理想的群落应该具备哪些条件。

（1）环境保护功能年年得以提升的群落

森林具有如下的各种环境保护功能。例如：维持大气的组成、涵养水源、防止洪水、调节气候、保护土壤、防止崩塌、吸收和固定二氧化碳、维持生物多样性、净化大气、防风、保护景观、稳定人的情绪、提供木材资源等等。这些功能，并不是一时存在的，需要每年都能旺盛生长的植物群落来维持它的存在。

（2）多样性丰富的群落

多样性丰富的群落其有机质分解快，可以尽早地建立起自我施肥系统。因此，生态系统的恢复较快，几乎不会形成偏离的生态系统。多样性丰富的群落还可以抑制干扰生态系统稳定的植物的繁茂，可以有力地应对气候变化所造成的压力，并且使病虫害也难以发生。也就是说，多样性丰富的群落是有利于群落早期恢复、有利于维持系统长期生命力的群落。

（3）与自然景观相协调的群落

与自然相协调的群落是美丽的群落，是能够带来稳定的群落，是能够尽快地消除开发所造成的痕迹、促进生态系统发展的群落，是维持管理工作量少的群落。此外，在构建理想的植物群落时，必须要充分考虑到植物的生理、生态特点，这一点也非常重要。

2 目标群落的必要条件

在引种植被时，构建什么样的群落是理想的？首先，必须要明确具体的目标。在这里，针对因开发等所形成的荒芜裸地，举例说明什么是理想的群落（目标群落）。

（1）不会产生崩塌的群落（防灾功能强的群落）

在道路边坡、山体滑坡迹地等坡地，出于保护坡面稳定性和周边环境安全的需要，必须要构建防灾功能强、不会产生崩塌的群落。而作为防灾功能强、不会产生崩塌的群落的条件就是：① 植物的直根要发达；② 能够形成强有力的网络结构。

（2）与周边环境相协调的群落

就保护景观和保护周边环境而言，必须要构建与周边环境相协调的群落。作为与环境相协调的群落，其条件是：① 在生长状态、群落种类、群落多样性以及植物生理生态等方面相协调；② 在山地保护功能、环境改善功能以及植物群落所具有的功能等方面相协调；③ 在群落的状态、树种构成等方面与周边的植物群落相类似等。

（3）对生态系统恢复有促进作用的群落

为使被破坏了的生态系统早期恢复，必须要构建对生态系统恢复有促进作用的群落：① 有效地使用先锋树种；② 选择对演替的进行有促进作用的树种组合。

（4）管理工作量少的群落

应该构建管理工作及管理费用少的群落，这一点是毋庸置疑的。越是使用高大的树木，施工越费事，管理经费也就越多。还有，越是使用高大的树木，越容易形成不自然的群落。为了减少管理经费，应该构建在当地自然条件下能够尽早独立、并且顺利生长的群落。尊重自然演替的时间进程，回归从种子开始培育植物群落。

（5）美丽的群落

美丽的群落可分为追求自然美和追求人造美两种。但是，从各地正在实施的绿化工程中，几乎没有构建美丽群落的具体案例。对于美丽的群落的内涵，有必要进行具体的探讨。

有关美丽的群落，如果是追求自然美的话，其群落的构成要素有以下几方面：即多样性丰富、复杂性丰富、变化难以预测、随季节不同表现出明显的变化、永久性的群落、树木呈随机分布、与周边自然景观具有同质性等等。

与自然美不同的是，如果是追求人造美，群落的构成要素包括：单一性、井然有序、色彩突出等等。

V 绿化技术的特殊性

以自然环境保护、修复、再生为目的的绿化技术，具有如下特殊性。

1 土木工程技术与植物生理、生态技术的融合

绿化技术并不是单纯地引种植物的技术，而是根据需要伴随着土方工程来引种植物的环境保护技术。例如，为保证坡面稳定的绿化基础工程、为改善劣质生长基础的绿化基础工程，正是在实施了这些工程的基础上引种植物，才能创造出良好的生态环境。也就是说，绿化技术是把土木工程技术与基于植物生理、生态的植物引种技术相融合的环境保护技术。

2 发挥植物的力量改善生态环境的技术

绿化技术是为了恢复荒芜的自然、遵循生态系统恢复的流程而对其进行修复和再生的技术。虽然天然林可以在自然界中靠自身的力量创造出长期生存的机制，但这种机制却是无法人为地创造出来的。

因此，即使是种植寿命长的乡土物种，其寿命也要比天然林短。通常情况下，人为种植的树木其寿命都不会很长。这是因为自然的机制既复杂又陌生，不是能够容易制造出来的。绿化技术只是对自然生态系统的恢复起帮助作用的技术，这一点很重要。

尽管把天然林作为目标群落是理想的，但天然林在生长过程中是经常地不断发生变化，这种经常性的变化机制是人的力量难以制造出来的。所以，作为绿化技术，只是与自然的恢复过程更加相似的一种方法，这样认识会更为贴切。

也就是说，把从种子开始的植被恢复和再生作为基本技术置于重要的位置，同时也使用栽植技术，这样做会更能促进生态系统的恢复。

另外，积极地采用先锋树种和肥料型植物，通过植物的力量来促进生长环境的改善，促进演替的进行。

3 最有利于未来环境的技术

绿化技术虽然是对荒芜的生态环境进行修复、再生、保护的技术，但并不是以眼前绿量的增加或环境修复为主要目的。引种植物只不过是给自然界的独立发展提供一个机会而已。但是，如何提供这个机会将决定自然是否能持续地得到长期的发展。尽管能增加绿量，但会使发展半途而废，这样的机会不是我们所期望的。植物群落只有持续地得到永续发展的机会，才能产生理想的生态环境。即绿化技术要以创造最佳的未来生态环境为主要目的，并努力修复、改善眼前的不良环境。

Ⅵ 绿化技术体系

对于荒废的生态系统的修复和再生，有必要从三个方面（领域）讨论施工的问题。即：① 生存环境的整治；② 植物的引入方法；③ 对引入植物的管理。这三个方面也被称之为：① 绿化基础工程；② 植被工程（植物引种工程）；③ 植被管理工程。这三个领域的技术结合，构成了“绿化技术体系”（图表 2-1）

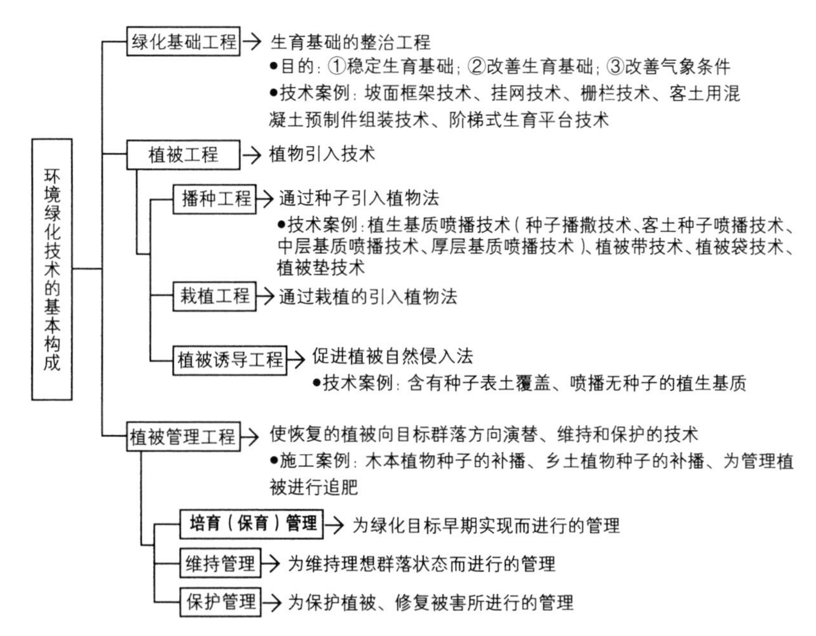

图表 2-1　植被恢复技术体系

绿化基础工程是为了创造植物生育理想环境（生育基础）的工程。植被工程是指引入、培育植物的工程。植被工程包括种子播撒工程、苗木栽植工程和促进植被自然侵入的植被诱导工程。

植被管理工程是为了使引种后的植物尽快形成目标群落的工程。

根据立地条件，从三个方面研究施工方法并进行适当地组合，可以使植物发育良好，提升施工效果。即使是在迄今为止难以开展绿化的场所，也有可能引种植物，使绿化的可能区域得以扩大。

上述的技术体系，构成了山地造林、园艺、城市绿化、工厂绿化、荒山绿化、水保绿化、沙漠绿化、水岸绿化、道路绿化、屋顶绿化、采石迹地绿化等绿化技术的基础。

Ⅶ 绿化施工的顺序

1 与开发规划的关联性

对于改变自然环境的各种开发活动，必须要从规划阶段就开始研究修复、再生自然环境的绿化问题。这种关联性由图表2-2所示。在此，特别重要的事情是：① 在环境影响评价调查阶段，要开展有关绿化难易程度的专门调查；② 在土方工程规划阶段，要制定适宜植物引种及其生长发育的土方工程规划。

为了培育健康的植物群落，必须要使植物的生长发育基础适应植物的生长发育过程。而决定这个生长发育基础适宜与否的就是土方工程规划。特别是坡面的形状和坡度，因其决定了植物群落的构成和生长发育的永续性，在土方工程规划中必须有适当的应对措施。另外，在土方工程规划中，还必须考虑对表土的剥离和保存、珍贵物种及幼小植物的采取和保存、开挖渣土的保存和利用、排水处理等问题的应对措施。

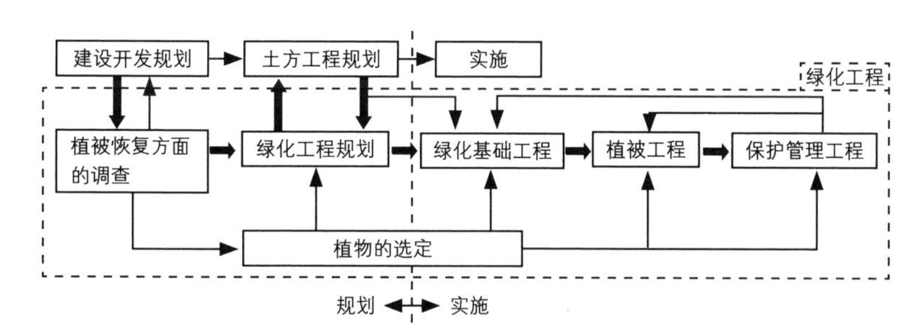

图表 2-2　开发规划与自然环境修复的关联性

2 绿化的规划、设计、施工

绿化的规划、设计、施工按以下顺序进行：

① 前期调查（地质调查、植被调查、生长环境调查（气象、土壤等）、

绿化植物调查）

② 设计（决定目标群落→确定所用植物→绿化基础工程→植被工程→植被管理工程）

③ 施工（绿化基础工程→植被工程→植被管理工程）

前期调查除了上述这些一般性的内容之外，有必要为引种植物开展专项调查。例如，开展有关引种植物的种类、生长发育状态、分布、种子采集、表土层厚度、稀有物种、施工场所的恢复状况、基质材料等方面的调查，再就是从植被恢复的角度开展地质调查（地质条件与植物生长之间的关联性）等。

在设计方面，要根据前期调查的结果，首先，决定目标群落，并据此选择所用植物；其次，设计适宜这些植物生长发育的环境条件，决定与所用植物的引种相适宜的植被工程；然后，再研究是否需要对引种植物进行管理。

Ⅷ 植物的选择

1 植物选择的基本思路

（1）按环境保护标准进行选择

根据施工地点的环境保护标准决定目标群落，并选择与此相适应的植物。环境保护标准是环境部在制定自然公园绿化指南时，从生物多样性的观点出发，对区域自然环境所作的评价，分为四个阶段。另外，有关自然环境保护需要对全国按统一标准进行评价，并制定对策，因此，应该使用环境部制定的相关标准（图表 2-3）

为了形成修复、再生荒芜生态环境的植物群落，基于最高的环保标准来选择植物当然是最理想的，但从自然程度高的原生环境地区到经过开发了的次生环境的地区（次生林、农村地区）、再到自然景观几乎完全丧失了的城市地区，不同区域之间存在着显著的差异。因此，基于从生物多样性观点出发，对相关地区所进行的自然环境评价来选择植物，对于促进生态环境早期恢复是有利的。

图表 2-3　保护标准与目标群落（环境部）

	保护标准Ⅰ	保护标准Ⅱ	保护标准Ⅲ	保护标准Ⅳ
初期的绿化目标	选用的植物以及由自然侵入种所构成的植物群落（由施工区域自然分布的植物所构成的植物群落）	由属于该区域或者施工对象区域的自然公园同一地块内自然分布的植物所构成的植物群落	由该区域或者国内自然分布的植物所构成的植物群落	由该区域或者国内自然分布的植物种所构成的植物群落（但是，由园艺管理所形成的景观除外）
最终的绿化目标	与施工对象区域的植被相同的植物群落（由施工对象区域自然分布的个体种群所构成的植物群落）	与施工对象区域的植被相同或者尽可能相似的植物群落	以该区域或者国内自然分布的植物为主体的植物群落	以国外自然分布的植物种为主体的植物群落（但是，为防止侵蚀所进行的快速绿化以及由园艺管理所形成的景观除外）

续表

	保护标准Ⅰ	保护标准Ⅱ	保护标准Ⅲ	保护标准Ⅳ
选用的植物	选用的植物是施工对象区域内生长植物的同一种类植物，不允许从区域外部带入任何物种	主要物种是属于施工对象区域的自然公园同一地块内生长的植物。但作为辅助物种所用的先锋树种可以是与国内自然分布植物相同的物种。另外，即使是国内自然分布的先锋树种，也不允许使用从国外进口的植物	主要物种和辅助物种均是与国内自然分布的植物相同的物种。但是，使用辅助物种的必要条件是，仅限于在下游地区没有需要保护的珍稀物种的情况下，允许使用外来的绿化用牧草。另外，即使是与国内自然分布植物相同的物种，也不允许使用产自国外的乡土物种	主要物种和辅助物种均是与国内自然分布的植物相同的物种。但是，在需要快速绿化和形成园林景观的情况下，仅限于在下游地区没有需要保护的珍稀物种时，允许使用外来植物。另外，即使是与国内自然分布植物相同的物种，也不允许使用产自国外的乡土物种
使用植物的选取范围	从施工对象区域周边采集。要制定采种和育苗方案，确保所选用植物的获取	从属于施工对象区域的自然公园同一地块内，以及在同一省市县的同一流域内采集。但是，先锋树种可以在全国范围内采集。要制定采种和育苗方案，确保所选用植物的获取	在国内采集。但是，在必须使用辅助物种的情况下，可以使用绿化用的外来物种。要掌握所选用植物的获取途径	从国内采集。但是，在需要快速绿化和形成园林景观的情况下，允许使用外来植物。要掌握所选用植物的获取途径

（引自参考文献25）

（2）遵守外来生物法

2005年6月，外来生物法（有关防止特定外来生物对生态系统等造成危害的法律）被公布实施，政府和地方团体已经表明在开展绿化时所采取的对策是尽量避免使用外来生物，充分考虑到外来生物对地方个体种群的遗传有可能造成的干扰。

其后，在2005年9月，有关部门指出：大量进口从国外采集的与乡土物种同类的植物种子，并作为乡土物种进行利用的话，随着植物种类的施工区域的不同，即使是同一种类的植物，也有可能在地方个体种群水平上对遗传基因带来干扰，在绿化植物的处置上唤起了人们的注意。

2006 年 8 月，环境部公布了《需要注意的外来生物》。这一文件的宗旨是，对于外来生物法所限制的特定外来生物和即使不是尚未判定的外来生物，由于它们有可能对生态系统带来恶劣影响，因此，要求利用这些生物的个人或从业人员务必慎重对待，并对此事给予理解和协助。

从上述分析可以看出，在植物选取的问题上，必须对以下四点给予充分地重视。

① 必须在生态系统、物种、遗传因子三个层面重视保护生物多样性；

② 必须要极力避免使用外来植物；

③ 为了避免在地方个体种群的水平上造成遗传基因混乱，即使是与国内自然分布的植物为同一物种，也必须避免使用从国外引进的“外国产乡土物种”；

④ 必须要避免超越自然分布范围而人为地移动植物。

2 目标群落的设定

（1）理想群落的设定

根据理想群落的条件（参照Ⅳ 环境保护的理想植物群落）和图表 2-3 所给出的“环境保护标准和目标群落”，并参照植被分布来设定目标群落。

（2）目标群落的形态

目前还没有只要给出该群落名称就能将其构建出来的技术。即便是能构建出与其相近似的群落，也无法构建出由多种树种有机结合在一起的生存状态。一般来说，现在只是把构成群落的建群树种（主要物种）和辅助种（为辅助主要物种生长发育的先锋树种）以及草本物种（生成土壤、防止表面侵蚀的地被植物）组合在一起进行施工。在这种情况下，目标群落被称为“以○○树种为主要建群种的木本植物群落”，或者是“以○○树种为主要建群种的高大乔木型植物群落”。

照片 2-1　岩石坡面上初期的目标群落

① 森林型（高大型）群落：以中、高型木本植物为建群种的群落，树高 3 ～ 4m 以上。周边为森林、山地、城市时适用于这种群落。主要树种有：光叶榉树属、樱属、枫树属、青冈栎属、栎属、桦树属、山毛榉、栗属等。

② 亚乔木灌木型群落：以亚乔木为建群种的群落，树高 3 ～ 4m 以下。适用于急陡坡面、岩石坡面、容易发生侵蚀的陡坡、农地周边等。主要树种有：石斑木、山茶、栎属、胡枝子属等。

③ 草本型（草原型）群落：以草本植物为建群种的群落。适用于农地周边、庭园、公园、路边、坡度小于 35° 的缓坡等。主要草种：结缕草等。

④ 特殊型群落：攀援植物、花灌木、草花、果蔬、牧草等群落。

3　使用植物的选定

植物选择按以下顺序进行：

① 选择构成拟建群落的主要植物（建群种）；

② 选择对改善不良生长环境有效的植物（辅助种）；

③ 选择有利于表层土壤的形成和保持其稳定的植物（地被植物、

草本植物)。

“建群种”是将来构成目标群落最核心的植物。为了修复和再生自然环境,构建与自然相协调并能永续生长的森林是最理想的。因此,建群种通常是从在当地生长分布的乡土树种中选取,从寿命较长的大型木本植物中选择 2 ～ 3 种。大部分的情况是从当地最终能构建永续生长群落的植物中(潜在自然植被)选取。

“辅助种”是具有改善不良生长环境为适宜建群种生长环境能力的植物。引种密度适中的话,辅助种可以增加土壤养分,使土壤更加肥沃。还有,辅助种能够减少地表部分微气象的变化,改善生长发育环境。其结果是使在贫瘠土地上不能够生长发育的潜在自然植被的生长发育成为可能。

通常,辅助种是从先锋树种(最先侵入裸地并能生长发育的树种)和肥料树种(可以使土地变得肥沃的树种,在林业领域很久以前就已经被应用)中选取 2 ～ 3 种。另外,如果选用高大型的先锋树种,会使建群种受到压制。再有,由于先锋树种是广域分布种(在广大范围内分布生长的物种),可以从更大的范围内收集种子和苗木。

“地被种(草本种)”可以用其细长的根系改善土壤的物理性质。地被种可以改变土壤硬度,改善土壤的通气性和保水性,有助于植物根系的生长。另外,地被种可以通过自身根系的更新使土壤变得更加肥沃,改善土壤的化学性质。再就是地被种还能防止改善后的土壤产生流失。像这样,地被种为群落的构建创造了契机,是自然生态系统恢复中不可缺少的组成部分。一般情况下,地被种可以从初期生长迅速、在贫瘠或干旱的土地上也能生长发育的物种中选择 2 ～ 3 种。初期生长缓慢的物种容易使土地成为北美一枝黄、葛属等有害植物生长发育的温床,因此,不适合被选作地被种。

4 关于选择使用植物的注意点

(1)关于乡土物种(自生种)的选择

为了修复改善生态环境,需要构建具有各种环境保护功能的群落。环境保护功能强的群落所必需的条件是:与自然环境相协调,能够长久地生存下去。而满足这一条件的群落就是由乡土物种所构成的群落。因此，选择使用植物时，要以选择在当地分布、自生的乡土物种（自生种）为基本原则。特别是选择建群种时，必须严格遵守这一基本原则。

（2）关于外来植物的选择

外来植物的繁茂会改变持续至今的原有生态系统。某种特定植物异常繁殖的话，群落结构和生物组成将随之发生变化，自然景观也会改变。即使看不见异常繁殖，通过交配也会使遗传基因发生混乱。由此可见，必须要极力避免使用外来植物。

但是，在恢复植被的绿化工程中仅仅选用乡土植物的话，有些地方很难实现自然恢复。另外，如果需要相当长的时间才能够自然恢复的话，有可能使周边环境的破坏被进一步扩大。在这种情况下，为了生长环境的早期恢复，以及防止侵蚀等防灾效果的稳定，也有必要研究外来草本植物的利用问题。

研究外来草本植物的利用问题，需要按照施工对象区域的环境保护标准来进行。

① 在保护标准Ⅲ（参照图表 2-3）的地区，仅限于在下游地区没有应该保护的珍稀物种的情况下，可以将绿化用外来植物作为辅助种使用。

② 在保护标准Ⅳ的地区，为了快速绿化和园林景观的形成，仅限于在下游地区没有应该保护的珍稀物种的情况下，可以利用外来植物。

再有，外来植物可分为木本植物和草本植物，而在公共工程中要避免使用外来木本植物。这主要是因为外来木本植物对区域生态系统的影响还没有被解释清楚。既有被认为是带来了影响现象的植物，也有被认为是没有带来影响的植物，但对于其影响内容和影响机制，至今仍然是几乎没有得到解决。

一般来说，木本植物要演替到当地原有的生态系统需要相当长的时间，而要搞清楚其影响机制，则需要比木本植物的寿命更长的时间才能做到。

在公共工程中使用外来草本植物，虽然如以上所述那样，允许在保护标准为Ⅲ和Ⅳ的地区有条件地使用，但并不意味着外来草本植物对生态系统安全性的影响已经十分清楚了。因此，使用外来草本植物也必须要慎重对待。

尽管环境部在2006年公布了《需要注意的外来生物》，但它们对生态系统的影响，无论是在生态系统、种群、还是在遗传基因等水平上，还没有得到科学的解释。由于看到了一些被认为是对生态系统产生了恶劣影响的现象，由此推测这些生物具有给生态系统造成恶劣影响的危险性。

关于这些外来生物，今后会搞清楚它们在生态系统水平、种群水平和遗传因子水平上对环境所造成的影响。另外，伴随着战后的国土开发，从1950年前后开始，外来草本植物作为裸地植被恢复的方法之一，已经在全国各地被广泛地使用。因此，关于外来草本植物对植被恢复的作用以及对生态系统的影响，已经从能看得见的这0～60年间的施工业绩中被证实了吧。

（3）关于潜在自然植被的选择、引种

尽管引种潜在自然植被需要较厚的客土，但即便是使用较厚的客土，并且只是引种潜在自然植被，也不能形成潜在自然植被的群落。从表面上看，像是潜在自然植被的群落，但实际上，群落所具有的各种环境保护功能已经是明显降低了。

对于自然的修复与再生来说，恢复群落本来所应该具有的功能是非常重要的。为了达到这一目标，必须要尊重自然界的形成过程。由此可见，在选择潜在自然植被时，应该把先锋树种与草本植物合在一起考虑。再就是必须要形成具有多样性的群落。

（4）关于草本植物的选择、引种

通常情况下，在裸地只是栽植木本植物的话，土壤表面会产生侵蚀，生态系统的恢复也会很缓慢。而且会变成防灾功能很弱的群落。为了防止土壤表面侵蚀、实现生态系统的早期恢复，引种草本植物是非常有效的。

这是因为草本类植物具有形成表层土壤、防止所形成的土壤微粒流失和保持土壤肥沃的作用。由此也就可以理解为什么缺少林下植被

的栽植林生长发育功能衰退、防灾功能降低了。

（5）关于辅助种的选择、引种

发挥自然的生命力（再生力、恢复力）来促进群落形成是非常重要的。因此，应该积极地使用能在不良环境中生长并且具有改善不良环境功能的辅助种（先锋树种）。

例如，在海岸沙丘、高山地带，通过引种辅助种可以缓和严酷的气象条件、帮助建群种生长发育，使目标群落容易形成。一般情况下，将辅助种与建群种一起进行混播或混植。

另外，从确保多样性的角度来看，混播和混植对于形成由各种植物有机结合的健全的植物群落是非常重要的。

【注】所谓肥料树

肥料树是具有固定共生游离氮、促进地力增加、促进植物生长发育功能的根瘤植物。肥料树的主要种类如下：

豆科（皂荚属、胡枝子属、刺槐属、合欢属、葛属、马棘、铁扫帚、刺槐、紫穗槐、绒毛花属等）

桦木科 [赤杨属、绿桤木、赤杨（木瓜树、水冬果）、旅顺桤木、日本桤木、垂桤木等]

胡颓子科（秋胡颓子、夏胡颓子等）

木麻黄科（木麻黄）

杨梅科（杨梅）

Ⅸ 绿化基础工程

1 设立绿化基础工程的目的

对于引种植物来说，生育基础必须适应于生长发育的要求。而绿化基础工程，就是把不良生育基础改变为适宜植物生长发育的技术。也就是说，绿化基础工程是生育基础的整修工程。其设立目的有以下三点。

(1) 确保生育基础的稳定性

如果生育基础是不稳定的话，植物是不可能稳定地生长发育的。特别是在急陡坡面，长时间所形成的表层土或人为回填的客土层很容易崩溃，引种的树木发生滑落的危险性也很高。因此，为了确保坡面的稳定性，需要设立铺设金属网和坡面框格防护等绿化基础工程。

(2) 改善不良的生育基础

对于坚硬的、无土壤的、强酸性的等不适宜植物生长发育的地表来说，必须要将之改造成为适宜植物生长发育的基础。例如实施穿孔、客土、护坡道、破碎、中和、土壤改良等。

(3) 缓和严酷的气象条件和立地环境

对于海岸、山岭等风口地区或高寒地区，会产生风害、冻害等气象灾害。对于这样的地方，必须要设法缓和严酷的气象条件。例如设置防风篱笆、设置防雪崩设施、设置防野鹿等动物啃噬的栅栏等。

2 必须要实施绿化基础工程的场所

需要实施绿化基础工程的场所和施工目的以及技术案例由图表2-4所示。

图表 2-4　需要实施绿化基础工程的场所和适用案例

主要对象场所	施工目的	技术案例
硬质地表、无土壤地表 （住宅用地、道路边坡、采石迹地、山体崩塌处等）	改善生育基础 构建生育基础 稳定生育基础 防止客土层过湿	通过爆破改良土壤、整地挖穴并结合各种客土技术 坡面框格技术、栅栏技术 排水技术
急陡坡地 （道路边坡、山体崩塌处、采石迹地、坝址、采矿迹地等）	在急陡坡地构建生育基础并保持其稳定	挂网技术、坡面框架技术、防止塌方技术、阶梯技术、斜坡开挖修建平台技术
积雪高寒地区 （山体崩塌处、道路边坡、山地、高原等）	防止冻融侵蚀、排除融雪、融冻时的积水，防止雪崩	挂网技术 排水技术 防止雪崩技术
山地 （山体崩塌处、道路边坡等）	防止冻融侵蚀，保护山脚安全 排除从周边山体流入的积水	防止塌方技术（坡脚砌石技术） 挂网技术、阶梯技术 防止雪崩技术 坡肩排水技术
风口地区 （山地、海岸沙丘、近海地区）	避免由风所造成的生理的、物理的损害	防风技术
需要形成高水平植物景观的场所 （自然公园等）	构建生育基础并保持其稳定 排水 保护景观	各种客土技术、坡面修整技术、挡土墙技术（客土式挡土墙等）、排水技术
地基松软的场所 （泉水露头处、集水地形、水流不畅处、地下水位高的地区、人造陆地等）	为了确保土壤的通气性而进行排水处理	排水技术 填土（造山等） 采用无机材料改良土壤
踩踏地 （公园、道路植树）	保持土壤通透性	排水技术 客土

3 绿化基础工程的主要技术和施工注意事项

实施构建植物生长发育理想环境的绿化基础工程有许多种技术方法。主要的绿化基础工程和施工的注意事项如图表 2-5 所示。

图表 2-5 主要的绿化基础工程和施工的注意事项

名称	概要	技术种类	适用范围、注意点
排水工程	①防止因地表水和地下泉水所造成的坡面坍塌； ②为改善因积水所造成的生育不良而进行排水处理	①明渠排水工程：铺石水渠（干铺砌、浆铺砌）、铺草皮水渠、柴排柴捆水渠、混凝土水渠、混凝土半圆管水渠； ②暗渠排水工程：卵石暗渠、柴捆暗渠、混凝土集水管暗渠、石笼暗渠	种类①主要适用于山地、积雪地区的山坡绿化、道路绿化等； 种类②主要用于在平地使用客土时，以及人造陆地、住宅用地、城市公园等
挡土墙工程	以固定不稳定的土沙、稳定和构建生育基础、固定坡脚、调整边坡坡度、其他工种的基础工程、防止雪崩、最小限度地改变自然等为目的而设置	①用天然石头的砌石工程； ②堆砌混凝土预制件； ③堆砌客土用的混凝土预制件； ④用植物材料堆砌（柴捆堆砌、原木堆砌）； ⑤堆砌石笼； ⑥堆砌土袋子； ⑦带锚索的混凝土预制件挡土墙； ⑧混凝土板挡土墙； ⑨铺设混凝土预制件	▽ 挡土墙适用于坡地绿化中以生育基础稳定为目的的基础工程； ▽ 挡土墙的高度要考虑到基础稳定性、周边安全性和景观连续性，最终选择能与之相协调的高度； ▽ 对种类③⑦⑨等有必要确认其对将来生育性质的影响； ▽ 种类④、⑥是临时性措施； ▽ 种类⑧适用于流入水量较少的场所； ▽ 种类⑨适用于坡度在35°以下场所
挂网工程	①防止表土层滑落； ②以固定客土为目的而设置。 作为在急陡坡面实施播种工程的基础工程而被广泛使用防止	①铺设金属网（#12、10、8）； ②铺设钢丝绳网； ③铺设合成树脂网	▽ 适用于保持急陡坡面表层土壤的稳定。 种类①是最常用的方法

续表

名　称	概　要	技术种类	适用范围、注意点
坡面框格防护工程	在无土壤的岩石坡面构建生育基础时，利用框格和打桩的作用力防止客土层滑落的框格状构造物。 ①改善和构建生育基础； ②固定不稳定的悬浮土沙； ③防止雪崩； ④以防止滚石为目的而设置的栅栏状构造物	根据使用材料的不同可分为： ①混凝土预制件框格工程（网格状预制件、多边形预制件、圆弧形预制件）； ②现场浇注混凝土框格工程（混凝土连体框格）； ③塑料框格工程； ④钢丝绳网框格工程； ⑤圆木框格工程（根据框格的形状可分为圆形、方形、菱形、六角形等）	种类①是最常用的坡面框格防护工程：避免在45度以上的急陡坡面和凹凸较多的边坡使用； 种类②是通过喷射混凝土所完成的坡面框格防护工程：适用于60°以下的急陡坡面； 种类③虽然因自身重量轻容易施工，但要避免在客土较厚时使用； 种类⑤适用于积雪地区的山坡防护工程
柴排工程（栅栏工程）	①改善和构建生育基础； ②固定不稳定的悬浮土沙； ③防止雪崩和滚石为目的而设置的栅栏状构造物	①栅栏工程； ②合成树脂网栅栏工程； ③金属网栅栏工程； ④钢丝绳网栅栏工程； ⑤木栅栏、木板栅栏工程； ⑥钢板栅栏工程； ⑦钢管栅栏工程；	种类①适用于山坡绿化工程、道路绿化工程的填方边坡，耐久性比较短； 种类②的耐久性比较长，防止侵蚀效果比较好； 种类⑤、⑥在景观上有不协调感，再就是不适用于容易积水的冻结融解地区
客土工程	以构建无土壤地区植被生育基础并保持其稳定为目的	①客土工程（填土式）； ②路面凹坑工程、切沟客土工程； ③使用圆形石笼、箱式石笼、树脂胶管的厚层客土工程； ④厚层客土喷射工程（厚层基质喷射工程）；	种类①适用于住宅用地等平坦地形。作为其基础工程在平坦地区要设置排水工程； 种类②~④适用于无土壤的急陡岩石坡面。 ▽适用的客土为当地的表层土壤； ▽为了防止侵蚀要与播种工程同时进行
防风工程	缓和风对植物造成的物理性障碍和生理性障碍	①使用合成树脂网的防风网络工程； ②用植物材料做成的防风篱笆工程（竹子、芦苇、稻草、枝条、木板）； ③防风堤工程	▽一般情况下防风篱笆的密度以1：1为好； ▽在海岸沙地、高山地区、临海地区设置； ▽根据树形判断风力冲击的强度

4 立地条件与绿化基础工程的适用标准

（1）从坡面倾斜度看绿化基础工程的适用标准

坡面倾斜度（坡度）越陡，生育基础就越不稳定。坡面坡度如果大于形成坡面的土壤的安息角（自然倾斜角）的话，坡面就会变得不稳定，风化土层就容易滑落。为了保证植物的生长发育，需要在坡面上固定风化土层，使之成为植物的生长基础。

对于坡面的倾斜度与保证生育基础稳定的对策（绿化基础工程）之间的关系，图表 2-6 给出了其适用标准。

图表 2-6 从坡面倾斜度看绿化基础工程的适用标准

坡 度	适用标准
30° 以下	○有可能恢复为以乔木占优势的植物群落； ○生长发育良好； ○绿化基础工程为排水工程
30° ~35°	○35° 是在搁置条件下，植被能够自然恢复的界限角度； ○一般来说，以35° 为界限，在此坡度之上必须要实施保证表土层稳定的绿化基础工程
35° ~45°	○以恢复亚乔木、灌木占优势的，草本植物覆盖地表的植物群落为目标； ○需要实施以保证生育基础稳定为目的的绿化基础工程； ○如果引种乔木的话，将来成为生育基础不稳定的隐患
45° ~60°	○以恢复灌木或草本等高度较低的植物群落为目标； ○在边坡上避免使用厚度在150mm以上的客土； ○实施以稳定生育基础为目的的坚固的绿化基础工程； ○虽然在60° 以上的坡面也可以引种植物，但由于将来发生崩落的危险性较高，因此，应改变边坡形状后再引种植物

（2）从土壤硬度看绿化基础工程的适用标准

生育基础的硬度越高，植物生长发育就越差。如果地表总是处于坚硬的状态，植物根系就不能进入土壤，植物也就无法生长发育。图表 2-7 和图表 2-8 给出了从土壤硬度看生育基础的改善标准。

图表 2-7　从土壤硬度看生育基础的改善标准

生育基础的硬度	改善标准
不足10mm	○由于干旱会产生发芽不良，必须要采取防止干旱措施； ○由于在大于休止角的急陡坡面容易发生崩塌，因此，有必要实施为保证坡面稳定的基础工程； ○有必要采取防止表面侵蚀的措施
10~25mm	○植物根系发育良好，如果改变土壤硬度一般来说会造成发育不良； ○栽植树木应在土壤硬度小于25mm的地点实施
26~29mm	○由于妨碍了植物根系的生长，应该对土壤硬度采取一些改善措施（例如：穿孔、切沟等）； ○避免栽植工程、播种工程和扦插工程
30mm以上	○对像穿孔那样的部分改善部位实施浇水的话，会带来生育不良（适用于安装喷水器的基础切沟工程）； ○适用于重新构建生育基础的客土技术
软岩	○构建厚度在5cm以上的生育基础，与在绿化基础的底部铺设金属网工程配合使用； ○与保证坡面整体稳定的基础工程配合使用（特殊地质条件下）
硬岩	○营造厚度在10cm以上的生育基础； ○同时采用绿化基础工程以维护营造的生育基础

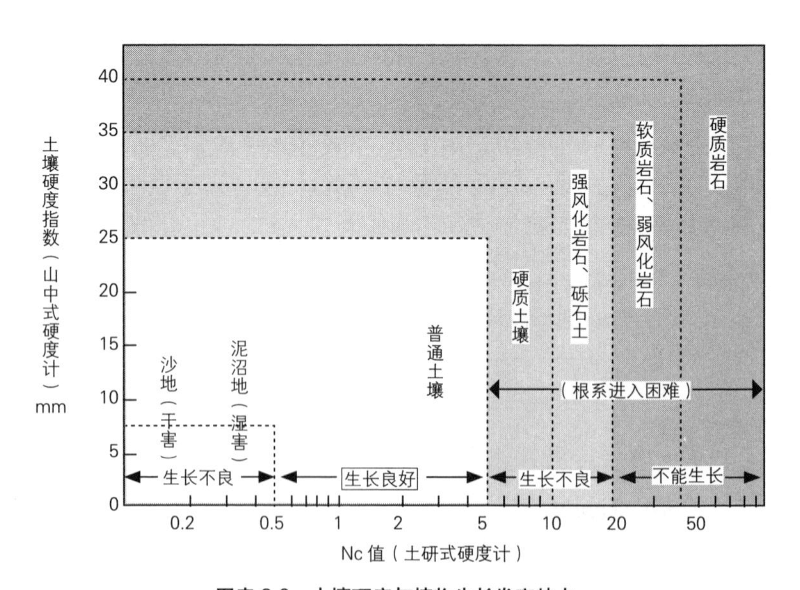

图表 2-8　土壤硬度与植物生长发育特点

X 植被工程（植被引入技术）

1 什么是植被工程

植被工程是播种、栽植或者促进自然侵入等植被恢复技术的总称。大致可以分为三种类型（图表 2-9）。

① 从种子开始引入植物的“播种工程”；

② 通过栽植而引入植物的“栽植工程”；

③ 促进植被自然侵入的“植被诱导工程”。

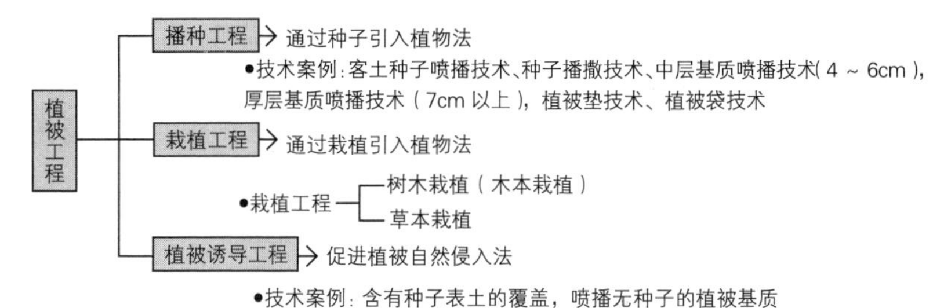

图表 2-9 植被工程的三种基本类型

（1）播种工程

播种工程是通过播撒种子来引入植物的技术的总称（工程种类），具有以下这些特征：

① 适合于恢复自然性、多样性丰富的植物群落；

② 适合于在短时间内对广大的范围进行绿化恢复；

③ 即使是对于植物栽植困难的岩石地表和急陡坡面等施工困难的场所，通过播种也能够比较容易地引种植物；

④ 与栽植苗木所形成的不自然的根系相反，实施播种工程的话，可以形成与自然林相似的根系结构；

⑤ 不过，难以预料将要形成何种群落结构。

（2）栽植工程

栽植工程是通过栽植苗木来引种植物的技术的总称（工程种类），具有以下这些特征：

① 可以确保尽快恢复绿色；

② 目标植物引种成功率较高；

③ 能够亲眼确认绿化的效果，尽快给人以安心感；

④ 不过，容易成为单纯的群落结构；

⑤ 根系不像天然林那样发达，因此，群落的环境保护功能低下；

⑥ 难以适用于坚硬地表、岩石表面、无土壤地表、急陡坡面等场所。

（3）植被诱导工程

植被诱导工程是用当地的表层土（含有种子的表土），构建植被引种、生存的理想生育基础，完成植物引种的技术的总称（工程种类）。适用于自然公园等自然性较高地区的植被恢复，具有以下这些特征：

① 充分利用含有种子的表土，将有利于构建多样性丰富的植物群落；

② 能够期待构建播种或栽植引种困难的植物群落；

③ 促进与群落形成、维持、发展有关的土壤微生物的活动，加速生态系统的恢复；

④ 不过，难以预料将要形成何种群落结构；

⑤ 施工的稳定性较低，有可能成为不良群落的形成原因；

⑥ 特别是施工后需要进行维护管理。

2 植被工程的作用

植被工程是以促进植物发芽、存活、初期生长、定居为目的的技术。通常，是以构建植物能够生长的、稳定的生育基础为前提。施工初期对生育条件的部分改善，并不能保证将来生育环境的改善和生育基础的稳定。而绿化基础工程的作用，就在于改善将来的生育环境或保护生育基础的稳定。

3 适用的前提条件

① 生育基础没有遭到破坏而且稳定；

② 适合于植物的生长发育，并且是能够持久生长发育的基础；

③ 能够缓和强风等对生长发育带来损害的气象环境。

如果不满足上述这些条件，就有必要通过绿化基础工程对将来的生育环境进行整治。

4 植被工程的选择

选择植被技术，需要对照以下条件进行。

（1）与将要恢复的植物相符合

由于植物的发芽和生长条件因植物种类的不同而不同，因此，在选择植被技术时，要了解将要引种植物的发芽与生长发育特性，选择与其相适合的技术。

（2）与施工地点的气象条件相符合

在少雨地区、发生霜冻和冻融的地区、强风地区等处，要选择能对其进行抵御的植被工程。

（3）与土壤和土地条件相符合

在土壤干旱的情况下，最好选择与具有抗旱效果的覆盖材料配合使用的技术。对养分含量低、土壤流失严重的荒芜土地，最好选择有机质投入和侵蚀防止措施并重的技术。

另外，在选择植被工程时，应该在播种工程、栽植工程、植被诱导工程相互组合开展施工的前提下进行讨论。如果以播种工程为基础，配合以栽植工程和植被诱导工程的话，会提高施工效果的稳定性。

5 立地条件与植被工程的适用性

植物的生长发育在很大程度上受到立地条件的左右。例如，土壤硬度、坡面坡度、土质（地质）、施工时期、挖方土和填方土等，都对植物生长发育产生很大影响。因此，在这里给出了在考虑这些条件的基础上进行植物引种的要点。

（1）对应不同土壤硬度的植物引种方法

土壤硬度对被引种的植物生长发育产生很大影响。选择与土壤硬度相适合的施工方法（植被工程）是非常重要的。图表 2-10、图表 2-11 给出了相应的选择标准。

图表 2-10　从土壤硬度看选择植被工程时的注意事项

土壤硬度计（mm）（山中式硬度计）	妨碍生长的程度	选择植被工程时的注意事项
0～10	○因为干旱发芽不良（三相分布：固相低、水相低、气相高）	与防止干旱措施配合使用
10～26	○发芽、生长发育良好（根系生长良好）	（赤竹的扦插限于土壤硬度在15mm以下）
26～30	○生长发育不良 ○早期衰退 ○根系向土壤中生长困难	1. 采用能够改善生育基础土壤硬度的植被工程； 2. 避免栽植容器苗和大苗，以栽植小苗为主； 3. 栽植小苗时，与播种工程配合使用； 4. 积极主动地使用具有肥料性质的木本和草本植物
30～	○生长发育困难	1. 构建适宜作为植物生长发育的基础后，适用于植被工程； 2. 播种工程与栽植小苗配合使用； 3. 选用根系没有被切断的小苗； 4. 在平坦地表，需要完成回填客土、排水处理、土壤打碎耕耘、整地之后，再实施植被工程

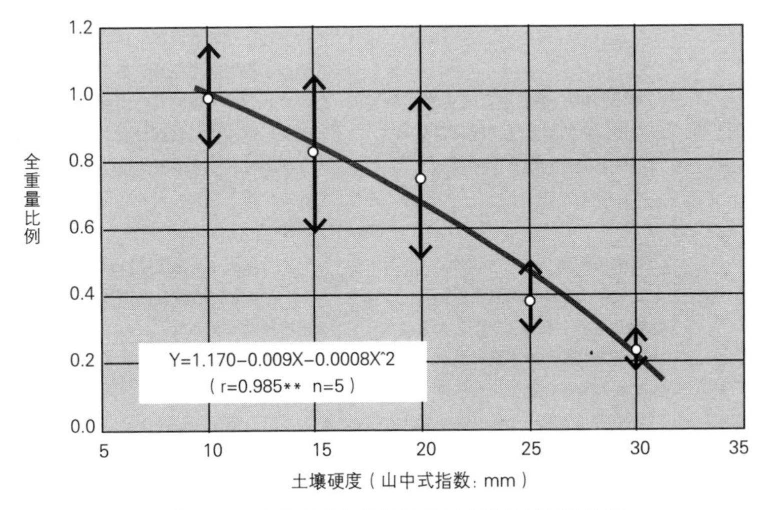

图表 2-11　土壤硬度与植栽的日本赤松生长量的关系

（2）对应不同倾斜程度的植物引种方法

坡面的倾斜程度对引种植物的生长发育产生很大影响。选择适合坡面倾斜程度的施工方法（植被工程）是非常重要的。图表 2-12、图表 2-13 给出了相应的选择标准。

（3）对应不同土质的植物引种方法

土质和地质对引种植物的生长发育产生很大的影响。选择适合当地土质、地质条件的施工方法（植被工程）非常重要。选择的标准和注意事项如图表 2-14 所示。

（4）对应不同施工季节的植物引种方法

引种植物的生长发育在很大程度上受到施工季节的左右。选择适合不同施工季节的施工方法（植被工程）非常重要。其选择标准由图表 2-15 所示。

图表 2-12　从坡面坡度看选择植被工程时的注意事项

坡面坡度	妨碍生长发育的程度	选择植被工程时的注意事项
0°~30°	○完成植被覆盖的话，就没有表面侵蚀的危险 ○即使产生一些裸地，随着乡土物种的入侵，自然恢复还是比较容易的 ○引种大型苗木也并不困难	1. 填方坡面的坡度设定在30°以下； 2. 栽植工程的适用范围限制在30°； 3. 透水性差的土壤容易产生种子和养分的流失，这一点与坡面没有关系，因此，在播种时必须要采取防止侵蚀的措施； 4. 实施植被工程时，无论哪种技术都可以适用
30°~45°	○如果将裸地搁置不管的话，会产生地表位移，使自然恢复变得困难 ○施工时，种子和营养土会大量流失 ○使用客土时，客土层容易移动 ○在冻土地带会发生表层滑落 ○为了防止表层土壤的移动，必须要实施绿化基础工程 ○乔木类植物的正常生长发育变得困难	1. 必须采取防止表层土壤侵蚀的措施； 2. 在35°以上的边坡，需要实施防止表层土壤移动的基础工程； 3. 使用客土时，要实施防止土层移动的基础工程； 4. 施工时避免使用单一技术
45°~	仅仅依靠植物难以保证坡面的稳定	1. 通过砌石、挡土墙等减缓坡度； 2. 实施为保证坡面稳定的基础工程； 3. 确保在构造物之间的生育基础稳定； 4. 采用客土型砌石工程； 5. 不使用大面积的厚层客土； 6. 将各种技术、材料配合使用

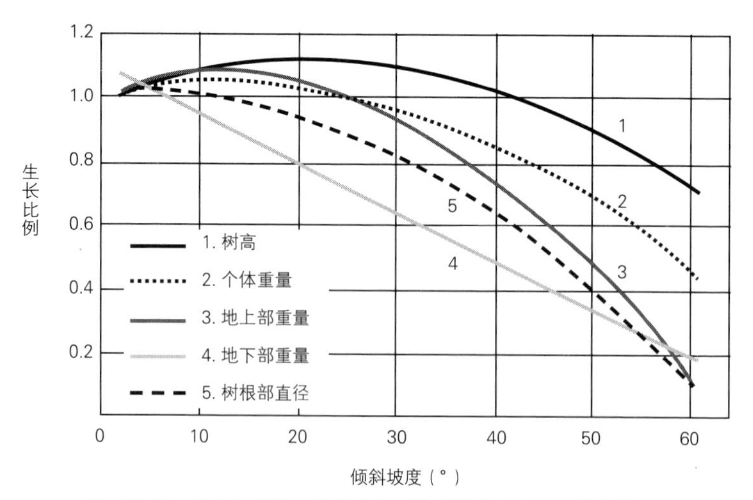

图表 2-13　坡度与胡枝子各部分生长比例的关系（播种的胡枝子）

图表 2-14 从土质条件看选择植被工程时的注意事项

土质	妨碍生长发育的程度	选择植被工程上的注意事项
硬岩	○根系进入困难 ○根系进入了裂缝中的植物能够生长 ○多数为急陡坡面，难以客土层固定	1. 谋求构建和稳定生育基础（排查不稳定岩石）； 2. 减缓坡度（45°以下）； 3. 为了防止表层土壤滑落与基础工程配合使用； 4. 引种木本类植物和肥料型木本植物、草本植物； 5. 采用厚层客土技术
软岩	○根系进入困难 ○因干旱而枯死 ○风化土崩落	1. 采取防止风化土崩落的对策措施（排查不稳定岩石）； 2. 为防止表层土滑落，实施绿化基础工程； 3. 与木本类植物和肥料型木本植物、草本植物配合使用； 4. 不适合的植被工程：喷射基础土层的厚度在3cm以下
巨砾卵石岩石块混合土	○凹凸较多的坡面 ○容易崩落 ○植物生长发育良好	1. 采取防止岩石块崩落的对策措施（以坡面稳定为第一位）； 2. 引种木本植物； 3. 适宜的植被工程：与厚层客土技术配合使用
黏土	○因土中霜柱融化而发生崩落（硬土层） ○因土壤冻结而发生崩落（软土层） ○由于土质坚硬、含水量多，植物根系进入困难→滑落	1. 土壤硬度在26mm以上的话，要改良土壤； 2. 对软土层要设置排水工程； 3. 采用木本植物种子，使根系分布在不同的土壤层中； 4. 在冻土地区实施铺设金属网的基础工程
风化土	○容易风化 ○保水性差 ○贫瘠（生长发育不良） ○风化土层容易滑落 ○心土的未风化部分坚硬，植物根系进入困难	1. 为了防止干旱、防止风化土的崩落，适用全面覆盖工程； 2. 采用根系发达的优良木本植物（使用耐干旱的植物）； 3. 实施挖沟、挖穴工程，施入有机质含量多的营养土； 4. 施工对策：防止干旱对策、防止侵蚀对策
沙土	○因地表面干旱引发生育不良 ○保水性差 ○风蚀 ○作为生育基础是好的 ○在急陡坡面的情况下会发生侵蚀	1. 大量投入保水性物质（有机质）； 2. 使用覆盖材料（防止干旱）； 3. 种子要播入土壤之中； 4. 施工对策：防止干旱对策、防止侵蚀对策
泥岩	○根系进入困难（未风化部分） ○容易风化→风化土崩落	1. 采取防止风化土流失的对策； 2. 减缓坡度（45°以下）； 3. 使用覆盖材料进行全面覆盖

图表 2-15　从施工季节看选择植被工程时的注意事项

施工季节	妨碍生长发育的程度	选择植被工程时的注意事项
春季	○适宜发芽和生长发育的季节 ○没有特别的障碍因子	1. 栽植苗木要在早春进行； 2. 是一年之中最好的施工季节（带有种子的枝条播种技术适宜在晚秋-春季施工）
暴雨季节	○种子、肥料、土壤产生流失 ○小苗、树木的根部裸露、土壤表层滑落 ○客土流失 ○基础流失、崩溃	1. 制定防止侵蚀的对策和措施： ①实施具有防止侵蚀效果的植被工程； ②不具备防止侵蚀效果的技术要与防侵蚀剂配合使用。 2. 注重排水处理
夏季	○种子和小苗会发生干害 ○梅雨后期播种的植物容易发生枯萎损害 ○播撒乡土物种和木本植物容易产生生长发育不良（夏季以后） ○夏季中期播种的植物会在秋季发芽（外来物种）	1. 制定防止干旱的对策和措施： ①实施具有防止干旱效果的植被工程； ②不具备防止干旱效果的技术要与覆盖材料配合使用（如能绿化反而更好）。 2. 在梅雨后期有必要采取防止干旱的对策和措施。 3. 避免实施栽植工程
秋季	○外来物种的发芽和生长发育会受到影响 ○乡土物种和木本植物虽然能够发芽，但生长发育情况欠佳 ○降雨会引发侵蚀	1. 作为防止降雨侵蚀的对策，适合使用防止侵蚀材料； 2. 乡土物种和木本植物播种后要采用覆盖材料进行保护，防止冬季崩落； 3. 在寒冷地区适合于进行秋季栽植； 4. 采用覆盖材料进行保温可以促进生长，提高越冬率
晚秋	○外来物种虽能发芽，但越冬困难 ○乡土物种和木本植物不能发芽 ○植物发芽和生长发育过程停止	适合于使用覆盖材料，可以防止冬季期间发生小苗干旱枯死和崩落
冬季	○由土壤冻结、霜柱等引发侵蚀 ○干旱灾害 ○风害	1. 尽量避免冬季施工； 2. 在无法避免冬季施工时，要采用能够固定种子、营养土的技术和材料

（5）考虑到挖方土、填方土差异的植物引种方法

引种植物的生长发育在很大程度上还受到挖方土、填方土的左右。选择适合于挖方土、填方土的施工方法（植被工程）非常重要。其选择标准如图表 2-16 所示。

图表 2-16　从填方土和挖方土的差别看选择植被工程时的注意事项

区分	妨碍生长发育的程度	选择植被工程时的注意事项
挖方土	○发芽良好 ○生长发育不良 ○硬质土壤→生长发育不良→衰退 ○急陡坡面→崩落、滑落 ○土壤物理性质较差	1. 在30° 以上的坡面要与绿化基础工程配合使用； 2. 引种植被部分的坡度原则上要在45° 以下； 3. 对土壤硬度在25mm以上硬质土区域，要对生育基础进行改良； 4. 对30° 以上的坡面以及土壤硬度在25mm的硬质土区域，要避免实施栽植工程
填方土	○发芽不良 ○生长发育良好 ○土壤构造虽然有利于生长发育，但由于容易发生干旱，从而引起发芽不良	1. 坡度限定在1∶18（约30° ）以下（对在此坡度以上的坡面，为了保证坡面稳定，要与基础工程配合使用）； 2. 对沙质土壤要采取防止地表面干旱的措施； 3. 避免单独实施栽植工程（要与播种工程配合使用）

6 植被工程的主要技术

植被工程分为播种工程、栽植工程和植被诱导工程等三种。各种植被工程的主要技术名称如下。

（1）播种工程

《播种工程的主要技术》

通过播撒种子来引种植物的播种工程有以下几种技术。

① 植被基质喷播工程

将种子、土壤、肥料、有机物、土壤改良材料、防侵蚀剂、土壤活性剂等与水混合后所形成的混合材料，通过植被基质喷播机喷播出去并使之附着的技术。随着喷播厚度的不同，又分别将其称为薄层基质喷播工程（种子散布工程、喷播厚度不足3cm）、中层基质喷播工程（客土喷播工程、喷播厚度3～6cm）、厚层基质喷播工程（喷播厚度7cm以上）。在道路挖方边坡，多以厚层基质喷播工程为名进行施工。

植生基质喷播工程的技术特征是，所构建出的生育基础既具有优越的耐侵蚀性，还适宜植物的生长发育。反过来，为了满足这两个条件，人们在防侵蚀材料的使用和喷播方法上想了很多办法，还开发出了更多的技术。

喷播方式有液压式和气压式。液压式喷播工程，一般来说，比气压式施工效率高，所构建的生育基础更适宜植物的生长发育，但常见的问题是其耐侵蚀性比气压式喷播工程要差。与此相反，气压式喷射工程的施工效率虽然比液压式喷播工程要低，但耐侵蚀性则提高了许多，更适于构建较厚的生育基础。

为了防止由喷播工程所构建的生育基础滑落，一般是在其下方使用网材（铁丝网）。为了减少下方网材的使用也想了不少的办法。例如防侵蚀材料选用离子型粘合剂（石灰、石膏、明矾）的等离子绿色技术等。另外，作为防侵蚀材料，像聚醋酸乙烯、水泥、乳化沥青等各种各样的材料虽然也曾经被应用过，但随着材料的不同，在发芽和生长发育上存在很大的差异，在选择植被基质喷播技术时，要参考其施工业绩。

② 保育块工程

为了使树木的根系能像天然林那样在土壤中伸张到更深更广的范围，将设有贯通孔和浅沟的土壤块（或者是保育块苗）埋设在土中，将其作为生育基础来引种木本植物的绿化方法被称为保育块（也称保育基盘，种基盘，译者注）工程。适用于干旱地区的绿化和荒漠地区的绿化（详细内容请参照第三章Ⅱ营建具有主根的林木）。

③ 植被带工程

将装有种子、肥料等的片状材料铺设在裸地表面的技术。代表性的技术有植被草帘。适宜填方土表面应用。

④ 植被毯工程

将装有种子、肥料、泥炭等具有一定厚度的地毯装材料铺设在裸地表面的技术。比植被带更适合用于贫瘠土地。

⑤ 植被筒工程

将种子、肥料、当地土壤、土壤改良剂等装入细长的筒状袋子中，并安装在裸地和草地上的技术。适宜引种木本植物和草花植物。在坡面上安装时，倾斜设置的话，其地上部和地下部的生长发育状况要比横向或纵向设置为好。

⑥ 植被袋工程

将种子、肥料、种植土、土壤改良剂、土壤活性剂等装满在网袋之中，并将其固定的技术。植被土袋工程是其中的一种。通常用于45° 以下的坡面。在急陡坡面要与框格坡面防护技术配合使用。

⑦ 植被筋工程

把装有种子和肥料的条带状物体呈筋状拍实在坡面上的技术。用于填方坡面。在第二次世界大战后的农业基础建设工程中曾被广泛使用。

⑧ 植被盘工程

将种植土、肥料、土壤改良剂、泥炭、发酵堆肥等混合物用烫压机压制成型，把植物种子与其一起并铺设在裸地表面的技术。是一种广泛用于像枥木县足尾地区那样的荒芜山地生态恢复工程的技术。

⑨ 含有种子的表土铺垫工程

在开挖之前采集林地等处的表土，将其铺在裸地上形成 3 ～ 10cm 厚度的土层，再用稻草帘等进行覆盖，以促进乡土物种发芽、生长发育的技术。主要适用于填方边坡。如果要将其应用在急陡坡面或挖方边坡的话，需要用植被基质喷播机将其喷播附着在坡面上。由于这种技术可以期待恢复多样性丰富的植物群落，适合于自然公园等地的自然恢复（施工细节请参见 p93）。

⑩ 带种子的枝条播撒工程

将带种子的枝条割取下来并铺在裸地上，再用金属网等将其固定以恢复植被的技术。适合于填方边坡。如果与含有种子的表土铺垫、喷播工程配合使用的话，能够期待恢复多样性丰富的群落。适合于自然公园等地的自然恢复（施工细节请参见 p93）。

选择播种工程时的注意事项

在选择播种工程时，要对其与气象条件是否适合、与土壤条件是否适合、与所用植物是否适合等进行研究。

例如，在发生霜冻或土壤冻结的地区和降水量较多的地区，要选择防侵蚀能力强的技术；在干旱地区，要选择具有抗旱效果的技术；而对贫瘠土地或无土壤的岩石地区，要选择营养土用量较多的技术。对与所用植物是否适合的问题，要对植物的发芽、初期生长的快慢、抗旱性、抗贫瘠性等进行分析后再进行选择（参见“X－5 立地条件与植被工程的适用性”中的图表 2-10 至图表 2-14）。

（2）栽植工程

栽植工程的主要技术

通过栽植苗木来引种植物的栽植工程，可以分为以下几种类型（图表 2-17）。

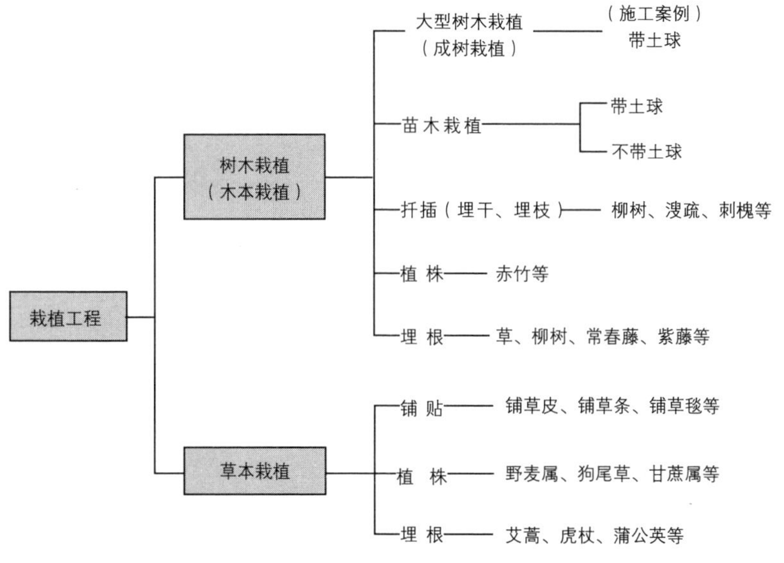

图表 2-17 植栽工程分类

《栽植方法的基本形式》

栽植方法可以分为三种基本形式。要根据施工地点立地条件的不同，分别选择最适合的栽植方法（图表 2-18）。

《选择栽植工程时的注意事项》

在选择栽植工程时，要留意以下几点。

① 对荒芜搁置的裸地，避免单独实施栽植工程。因为这会成为产生表面侵蚀和表土干旱、造成生态系统恢复缓慢的原因。

② 选择苗木时，要使用小苗，避免使用需要支柱支撑的大苗。小的苗木能够保证地下部分和地上部分的平衡，容易变成与环境相适合的性状，在将来，可以使树木原有的生命力得到更大程度的发挥。也就是说，越是小的苗木，越是能使树木原有的环境耐受性得以提高，树木可以长得更大，而且寿命更长，有助于生态环境的改善。

图表 2-18　植栽方法的基本形式

技术名称	施工概要	适用场所	施工案例
（A）直植式 （直栽式）	挖种植穴，将肥料和土壤改良剂与当地土壤一起混合后栽植	○土壤理化性质较好的场所 ○坡积土、堆积土 ○土堆	肥料 土壤改良剂
（B）穴植式 （客土栽植）	挖种植穴，以壤土为客土并与肥料、土壤改良剂混合后用于栽植	○硬质土壤、无土壤的地表（母质） ○贫瘠土地 ○软质岩石处	优质客土 肥料 土壤改良剂
（C）推土式 （客土栽植）	在现场的地面上堆上土堆，然后在土堆上挖种植穴，将肥料和土壤改良剂混合后施入穴内再进行栽植	○排水不良的场所 ○地下水位较高的场所、湿地 ○海岸填埋地等 ○无土壤的岩石（母岩）	土堆 肥料 土壤改良剂

③ 对立地条件较差的地区，要研究与绿化基础工程和播种工程配合使用。一般情况下，不适宜在土壤硬度 25mm（山中式土壤硬度计指数）以上的硬质土地和无土壤的岩石地区栽植苗木。还有，在坡面坡度达到 35° 以上的地区，将来发生崩落的危险性较高，要避免在这些地区栽植苗木。这是因为通过栽植工程所引种的树木根系，无法形成像天然林那样的强有力的根系结构。

④ 在所使用的树种中，除了目标群落的建群种之外，还要加入对建群种生长发育有帮助的辅助物种（先锋树种、肥料型木本、草本等）。因为这可以构建多样性丰富的群落和自然恢复力强的群落。

（3）植被诱导工程

植被诱导工程是一种不需要进行播种或栽植，而是通过构建适宜植物入侵、定居的理性生育基础，来促进周边植物的入侵，促进多种植物入侵和定居的技术。特别是有利于当地表土（含有种子的表土）资源的利用。这是因为能从表土所含有的种子和根系中，培育出具有多样性的植物群落。在表土之中含有多种微生物和养分，可以使土壤性质适合于乡土植物的生长发育，从而促进生态系统的早期恢复。由于这种技术有利于构建多样性丰富的植物群落，因此，最适合于作为自然公园等自然程度较高地区的绿化手段。

《植被诱导工程的主要技术》

1）含有种子的表土铺垫工程

① 采集施工当地30cm深度的表层土，以5cm的厚度铺垫在裸地上，再在其上面覆盖绿化草帘等覆盖材料的技术。期待表土中所含有的种子和根系能够发芽生长。为了保持铺垫在裸地上的土壤水分和防止侵蚀发生，覆盖材料是不可缺的。这种方法主要适用于填方表面。

② 在对挖方边坡使用含有种子的表土时，需要将其作为植生基材喷射工程的喷射用土来使用。在无法大量采集到含有种子的表土时，可以与原有的植生基材喷射工程所用土壤进行混合，然后再用于喷射工程。

③ 当含有种子的表土的发芽率较低时，可以掺入一些乡土植物的种子，或者与带种子的枝条播撒工程配合使用。

④ 以木本群落作为目标群落时，可以与直根苗（保育块苗）配合使用。

2）含有种子的表土喷播工程

① 使用植生基材喷播机来喷播含有种子的表土的技术。特别是可以适用于急陡坡面。

② 以木本群落作为目标群落时，可以与直根苗（保育块苗）配合使用（含有种子的表土喷播工程＋直根苗栽植工程）。

③ 当含有种子的表土的发芽率较低时，可以掺入一些乡土植物的种子。

《选择植被诱导工程时的注意事项》

① 为了提高施工效果，发挥植被诱导工程的长处，与播种工程和栽植工程配合使用是非常重要的。

② 该技术虽然也有利于其他草本植物的生长，但如果将目标群

落设定为木本群落的话，单独实施植被诱导工程是难以实现预期目标的。因此，有必要研究与其他技术的配合使用问题。例如，将目标群落的建群种培育成直根苗（保育块苗），再与该技术配合使用等。另外，在这种情况下，如果与一般苗木配合使用的话，由于一般苗木的直根不发达，所以就不适合与该技术配合使用。

③ 由于发芽和初期生长速度随着植物的不同而存在较大差异，因此，构建多样性的植物群落需要很长的时间。在此期间，也有可能因野葛和北美一枝黄等的侵入而成为不良群落。另外，在此期间，也可能发生含有种子的表土流失，所以，采取防止侵蚀措施和开展施工后的维护管理也是非常重要的。

XI 植被管理工程

1 植被管理工程的概要

植被管理工程是帮助所引种的植物能尽早地、确切地接近目标群落，以及发挥群落环境保护功能而进行的作业。

植被管理的内容有以下三个方面。

① 培育管理（保育管理）

为了培育和管理引种植物与入侵植物，使之尽早地、确切地接近目标群落而进行的管理工作。

② 维持管理

为了使植物群落的功能更容易得到发挥而进行调配，并维持群落的理想状态而进行的管理工作。除了为保持群落的健康状态而对群落自身所实施的调节管理之外，还要对生育基础的保护进行管理。

③ 保护管理

为了回避植物衰退和因外力所产生的损害而进行的作业。为了维持群落的功能而进行。

2 植被管理的注意事项

① 植被管理虽然能够分为促进目标群落建立的管理和维持已形成群落的管理这两大类，但管理工作的主体在于如何确切地实现所定的绿化目标。因此，在进行管理工作时，在把握植被恢复目的（设计意图）、绿化目的、目标群落、达成目标群落所需要的时间、保护标准等的基础上，要定期地开展必要的监测工作。

② 对于引种植物来说，主要是检查建群种的生长发育状况。如枯萎损害的原因、生育不良的原因、植物之间的受压制现象、动物的啃噬、病虫害的发生、危险植物的入侵（野葛、北美一枝黄、刺果瓜、大型杂草等）、目的之外的繁茂树种的入侵、树木倾倒、滑落等。

③ 调查生育基础的稳定情况。如喷播基质的侵蚀状况（冲沟的发

生、厚度的减小、滑落等)、地下泉水的渗漏情况等。

3 主要的植被管理作业

①培育(保育)管理作业

追播、补植、追肥、割草、消除攀援植物、除伐、驱除啃噬动物等。

②维持管理作业

除伐间伐、剪枝、处理倒树、补植、追肥、驱除外来入侵植物、维护生育基础、排水处理等。

③保护管理作业

驱除有害动物、驱除病虫害、防风措施等。

XII 绿化用材料

在绿化工程中所使用的材料，由于其使用方法的不同会影响到绿化的成败，因此，必须要深入了解材料的性能、品质、适用范围、有效的使用方法等。

从与材料有关的失败案例中，特别要注意的有以下一些事项。

① 与种子有关的部分：不发芽、大型杂草繁茂、外来有害植物繁茂、绿化目的之外的植物繁茂等。

② 与苗木有关的部分：最大的问题是使用容器苗和大苗造成植物根系发育障碍（产生弱小的群落、减少寿命），使用细根密生苗造成群落防灾功能降低等。

③ 与用土（客土）有关的部分：使用有害土壤所造成的损害、使用大量客土所带来的植被（生态系统）变异、有害植物的繁殖等。

④ 与肥料有关的部分：大量使用水溶性肥料所造成的损害、对水系环境所造成的污染等。

⑤ 与防侵蚀材料有关的部分：使用劣质材料所造成的客土流失等。

1 种子

① 理想的种子：发芽率高、夹杂物少、很少含有绿化目的以外的种子

② 种子获取：在以乡土植物构建群落为目的时，建群种的种子要在小流域范围内采集。大范围分布的物种要在其分布地区内采集。

③ 种子的保存储藏：因储藏方法的不同，发芽率存在很大差异。理想的储藏方法是根据不同的植物采用不同方法。例如对草本植物更多的是在低温、低湿条件下储藏，对橡子等大颗粒种子要在土中埋藏和低温、保湿条件下储藏。高温高湿条件会对大部分的种子带来致命性的伤害。

④ 发芽率的调查方法：通常是把浸湿了的滤纸铺在玻璃器皿中，

在滤纸上面按种子大小的不同排列100～300粒，定期来查数发芽的种子个数。此时的实验温度，一般定为常温23～25℃。发芽率为发芽种子个数除以所用种子总数再乘以100。

2 苗木

① 确保苗木的获取：在构建乡土植物群落时，要遵循区域开发规划，采集在当地分布的乡土物种种子，并用其进行育苗。

② 优良苗木：栽植后粗壮的直根能向地下深入生长的苗木。直根被切断的苗木，其根系不能向地下深入生长，只能形成浅根系。特别是容器苗会妨碍根系的生长，形成畸形根系。细根较多的苗木，虽然成活率高、初期生长良好，但由于没有发育出粗壮的根系，只能形成对土壤束缚力很低的群落，或者是未来生产力早期下降的群落。

③ 选择苗木时的注意事项：大苗的生长在将来会很快地衰退，越是小苗越能在将来获得更大的生长。

④ 开山苗木和开发之前挖掘并保存的苗木：在肥沃的土地上进行1～2年的养生。

⑤ 容器苗：在容器之中根系会产生缠绕，妨碍了根系自然地发育伸展。特别是妨碍了“主根”（木桩根）的发育，会形成抗灾能力较弱的树林。另外，由于树木之间根系相互交织的“网络结构”不发达，会形成容易倾倒的树林。也无法形成与倾斜相适应的根系形态。在急陡坡面上会形成难以生存、容易倾倒的树林。会出现生长量降低、早期衰退、寿命缩短等问题。

3 用土（客土）

① 栽植用客土：有机质含量丰富的当地表层土最为理想。由于表土中含有种子、根系、微生物等，会加快生态系统的恢复。

② 不理想的客土（用土）：含有大量妨碍生育物质的土壤不适合作为客土。如pH4以下的酸性土壤、气相比率在10%以下的黏性土壤、盐分含量较多的土壤、大量含有大型杂草和外来有害植物种子的土壤

等，都不适合作为客土。

4 肥料

① 为了促进植物的入侵、存活和生长发育而使用肥料。

② 随施工地点土壤性质的不同，肥料的效果也存在很大差异。图表 2-19 给出了土质与施肥的要点。

图表 2-19　施肥的要点

土壤种类	特性	施肥要点
沙质土壤	○养分容易流失	○使用有机质 ○使用有机肥料 ○使用固体肥料 ○使用熔化磷肥
火山灰土壤	○磷酸被土壤固定，不易被植物吸收 ○酸性土	○大量使用堆肥等有机质 ○使用可溶性磷酸肥料 ○调节土壤酸度（使用石灰）
重黏土（湿润地区）	○由于排水不畅、通气性较差而引发生长发育不良、根系腐烂 ○根系发育不良、树冠前端枯萎受损、被风倾倒	○在现状下使用过多的化学肥料的话，会产生浓度障碍 ○与暗渠排水等绿化基础工程配合使用，开展以改善通气性为目的的土壤改良（氨基甲酸乙酯碎屑、聚苯乙烯粉末、珍珠岩、沙子等） ○使用有机质材料

③ 为了在地力缺乏的裸地构建具有一定功能的植物群落，必须要通过促进微生物的活动，以可持续的地力恢复为目标。因此，要以有机肥料为主体，力图改善保水性、保肥性和通气性，增加碱性交换量。有必要时，可以与化学肥料配合使用。

④ 为了促进根系的发育，要多用磷酸肥料。因为磷酸肥料可以促进新生根的发育，增强抗旱性和抗病性。

⑤ 为了在贫瘠的土地培育木本植物群落，必须要在长时间内使肥效具有持续性。对此，使用难溶于水的长期持续型的缓释肥料（硫酸镁氨和磷酸镁钾的一体化肥料）是有效的。

⑥ 对先锋树种避免使用含氮量高的肥料。氮含量高会使根瘤菌的活动减弱，降低抗病性。

⑦ 未发酵好的有机质肥料会从土壤中摄取可交换氮，从而引起土壤氮缺乏。特别是要禁止使用未发酵处理的木屑。

5 防侵蚀材料以及覆盖材料

① 防侵蚀材料以及覆盖材料是防止已播种的种植土和栽植的苗木免受土壤侵蚀与干旱危害的材料。

② 防侵蚀材料可分为化学材料（防侵蚀剂）和物理材料（图表2-20）。

③ 防侵蚀剂主要用于植生基质喷播工程。对于降雨侵蚀和风蚀是有效的，但对于霜冻侵蚀和防止干旱来说，则大部分是无效的。

④ 物理材料包括网材类、片材类、纤维、枝条、砾石等。在防止侵蚀、保持水分、防止干旱、保湿、保温等方面的效果不尽一致。

⑤ 绿化用草帘对植物发芽没有障碍，在防侵蚀方面也是效果显著。化纤（化学纤维）网对防侵蚀效果显著，但几乎不具有防止干旱的功能。

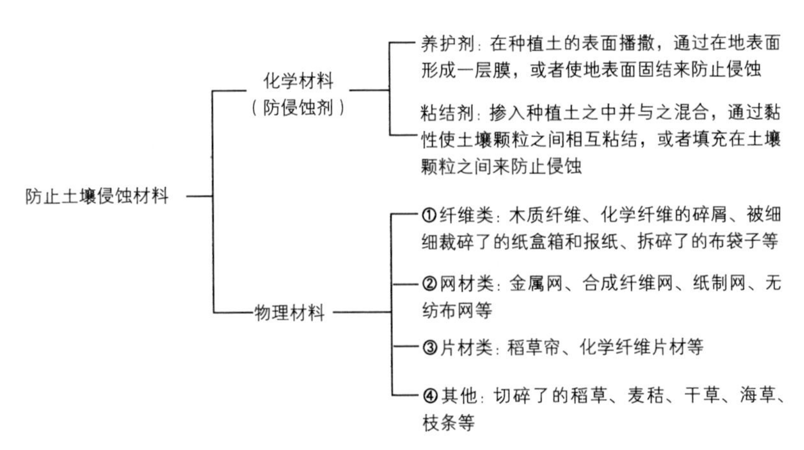

图表 2-20　防止土壤侵蚀材料的种类

6 土壤改良材料

① 土壤改良材料是将质量差的土地改造为适宜植物生长发育土地的材料。以改良土壤的物理性质和化学性质为主要目的。主要的改良点包括改善通气性、保水性，防止养分流失，中和酸性土，提高土壤缓冲能力等。

② 土壤改良材料分为无机质材料、化学性材料（高分子系列材料）和有机质材料。

③ 改良效果的持续性：其排列顺序为无机质材料＞有机质材料≥化学性材料。

第3章

充分利用根系功能的绿化技术

主根，养育了长寿、繁茂的森林

I 根系功能概述

植物的生长制约着根系的功能，换句话说，根系的功能影响着植物的生长。因此，我们有必要去了解根系的功能，并且探索开发利用这种功能的绿化技术，也就是探索能充分发挥植物固有活力的绿化技术，也是能充分利用植物生命力的绿化技术。

1 斜面上植物根系的生长

（1）草本植物根系的生长

将高羊茅播种在不同坡度的坡面上（K31F：Festuca elatior var. arundinacea），观测其根系的生长状况，其结果见照片 3-1 和图表 3-1。即使坡面坡度从 0°、30°、45°、60° 直到 90° 的逐渐增大，高羊茅的根系是沿着重力方向即倾向于山体外侧生长。由此可知，即使坡面坡度发生变化，草本植物的大部分根系都是沿重力方向生长。

分析在不同坡度坡面上草本植物根系的生长深度时，如果把生长在平坦地草本植物的根系深度作为 100，则 30° 坡面的根系深度为 77，60° 的为 30，90° 的大约为 13。这意味着随着坡度增加，根系

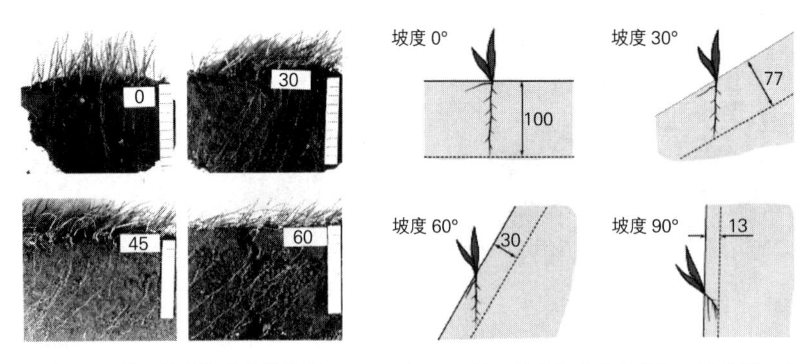

照片 3-1　坡面坡度与草本植物根系的生长方向

图表 3-1　坡面坡度与草本植物根系的生长深度

伸入土层的深度变小，坡度越陡，崩塌的危险性就越高。

从以上的结果可知，在较陡坡面营建单一草本植物群落时，必须认识到随着时间的延长，土层滑落的危险性在逐渐增大。这是因为，即使表层土壤年年一点点逐渐变厚，根系也往山体外侧（重力方向）延伸，而不是朝着山体内侧方向生长。这就是草本植物根系的特征。

（2）木本植物根系的生长

坡面上木本植物的根系形态特征，完全不同于草本植物。对生长在0°、30°、45°、50°、60°和80°坡面上的木本植物（赤松、栎类等）的根系生长方向进行了调查。首先，在0°时主根沿重力方向向深处生长，并且在主根生长的空间区域，几乎看不见侧根的生长。当主根的生长被土壤硬度或者氧气的减少而受到障碍时，侧根将会沿几乎和主根相同的角度向下延伸生长。

这种主根比侧根优先生长的现象，除了赤松、柳杉、扁柏、冷杉等针叶树以外，也可以在栎类，米槠，槲树，樱花，槭树、榉树、辛夷等阔叶树中发现。这时侧根似乎是在补充主根的生长（个体维持功能）。也就是说，可以认为主根是在主导着树木的生命力。因此，为了培育健全的树木，促进主根的生长应当是最根本的。

然后，当坡面的坡度从30°到45°、50°、60°、80°变化时，主根的生长方向虽然没有变化，但侧根的生长方向却发生了很大变化。主根的生长与坡面的坡度没有关系，一直沿着重力方向生长。而随着坡度的增加，侧根与主根的夹角逐渐变大，根系更多地向山体内侧生长。当坡面坡度超过60°时，向山体内侧生长的侧根量就会大于朝着山体外侧生长的侧根量（以主根方向垂直面为界）。进而，还可以看到朝向斜面上部生长的侧根（图表3-2，图表3-3）。

以上的现象说明，树木根系形态与坡面坡度之间存在着深刻的关系。也就是说，树木的根系，会随着坡面坡度的变化而发生变化。由此，树木可以通过改变根系形态而支撑其自身重量，以便即使在急陡坡面上也能保持平衡，稳定地生长。在进行较陡坡面绿化时，必须利用树木的这一特性。

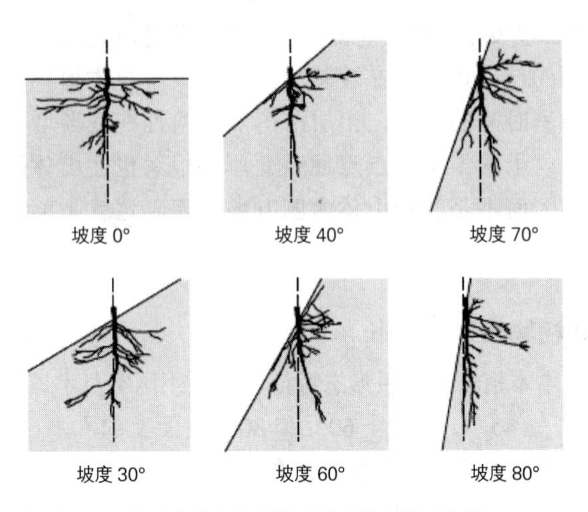

图表 3-2　根系生长方向随坡面坡度的变化（赤松）

至此，我们了解了树木和草本植物之间的根系生长存在着较大差异，也就是说，即使斜面坡度发生变化，草本植物的大部分根系是沿垂直方向生长，而木本植物的根系却是坡度越大，就会有更多的侧根朝向山体内侧生长（图表 3-2）。

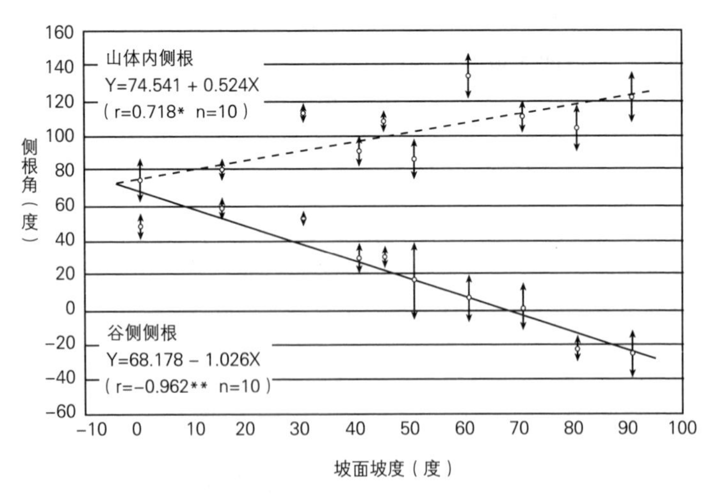

图表 3-3　坡面坡度与侧根－主根夹角的关系（日本桤木播种苗）

随着坡度增加，木本植物的侧根更多地向山体内侧生长的这种现象，可以增大风化土层滑动面的抗剪切力，继而对稳定斜面风化土层发挥积极作用。

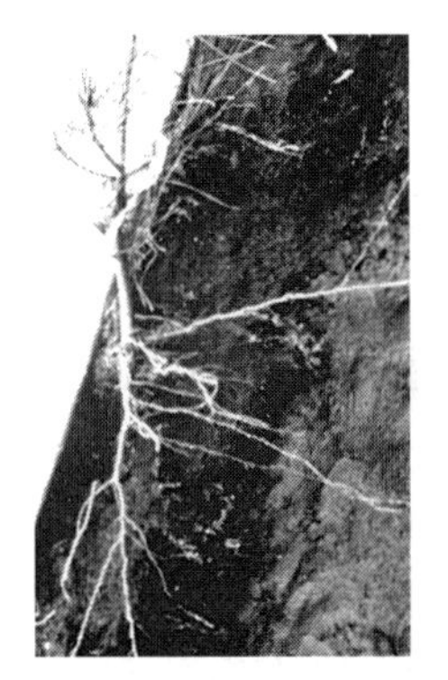

照片 3-2　有利于提高土体抗剪力的木本植物根系

木本植物的根系，还有一个引人瞩目的功能。在风化土层中，既有松软部分，也有坚硬部分。侧根会更多地侵入松软的部分，这样，松软部分的抗剪切力增大，减少了抗剪力明显过低的土层部分，使土壤整体的抗剪力能够保持在一定水平以上。

另外，根系（主要是主根）的生长与母质的风化同步进行，这样根系就增大了新风化土层的抗剪切力。也就是说，根系可以优先增强土体中松软部分的抗剪力，这点值得我们特别关注。这犹如根系在寻找易于崩塌的部分进行强化一样。

根系的这种优先增大土体中松软部分抗剪力的功能，是无法用土木工程代替的。土木工程采用的工程防护方法，只能增强防护部分的抗剪力，而不能增强整个风化层的抗剪力。并且，土木工程也不能随着风化的进行而扩大防护的范围。因此，树木根系才真正是有生命力的工程防护方法。

根系侵入松软的土壤，不断地增强风化土层的抗剪力。这种现象的产生，就是因为根系是有生命的。正是因为有生命，才会对环境条件的变化立即做出反应，并与此相适应改变自己的性状。生物对环境变化产生的适应，是无法用数学公式来表示的。这就是存在在自然界生物中无法度量的力量，自然界中存在着无法用数学公式来表示的自然力。在自然修复再生过程中，就必须考虑充分利用这个自然力。

另外，让我们看一下目前施工的多数绿化现场吧。在陡坡上使用栽植苗和容器苗进行植树绿化，形成的树木不具有播种苗造林所形成树木同样的根系形态。因为其主根消失，无法像播种苗那样随着坡度的变化而发生根系形态的变化。主根消失，短的细的根系只会出现在浅层土壤中。这种栽植方式，使树木失去了自身生命力，与旨在创造丰富生命环境的环境修复技术，显然是背道而驰的。

2 坚硬土壤中根系的生长

土壤硬度不同，植物根系的生长也会大不同。根系可以延伸生长到松软的土壤中，但是不能延伸到坚硬的土壤。通过实验，我们会很容易理解这一点。从松软到坚硬，我们设计了5种硬度级别的培育基质，分别采用播种苗和栽植苗来培育草本植物和木本植物。所用的植物包括赤松、栎树、桤木、高羊茅等。土壤为关东壤土，土壤硬度用山中式硬度计测定，指数分别为10mm、15mm、20mm、25mm和30mm。实验结果如下（照片3-3）。

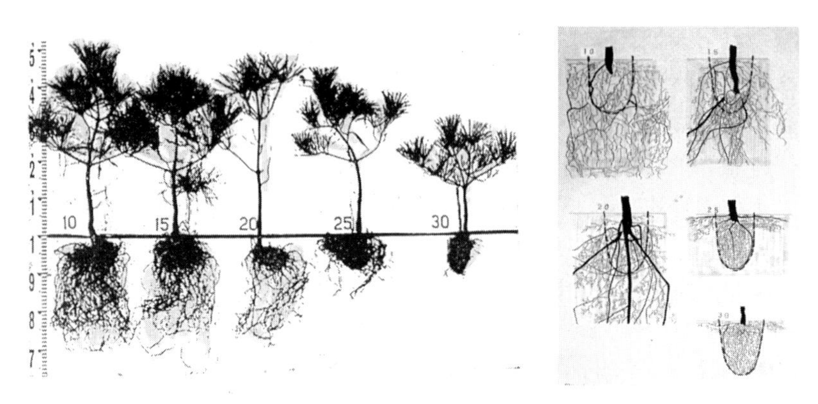

照片3-3　在不同生育基础硬度条件下赤松栽植苗根系发育比较
（数值为山中式硬度指数mm，右图U字状点画线为栽植穴边界）

① 植物根系受生育基础硬度的影响比较大，基础硬度增大，根系的生长量降低。

② 在土壤硬度超过25mm的情况下，任何植物的根系都不能穿透栽植穴。所以可以认为25mm（这个值相当于13bar）是根系的侵入的极限土壤硬度。

③ 土壤硬度对植物地下部的影响大于地上部，特别表现在根长和根重量的减少。

④ 当土壤硬度大于 25mm 时，根系层的分布厚度会变得很薄。

⑤ 栽植苗与播种苗的根系生长对土壤硬度的反应完全不同。栽植苗在土壤硬度达到 25mm 以上时，其根系不能从栽植穴中透出，而像花盆中的根系一样，团成圆球状，并且只有细根，看不到主根。

⑥ 而播种苗即使在土壤硬度大于 25mm 时，也可见主根的生长。主根沿着地表下松软的风化层和根系难于扎入的坚硬层之间的界面延长生长。只要有松软的地方，根系就会一直延伸下去。即使在硬质土壤中，也不会出现主根消失的现象。

⑦ 当土壤硬度大于 25mm 时，栽植苗的抗拔力（将苗木整体拔出所需要的力，译者注）急速下降。对栽植 1 年后日本栬木的抗拔力进行测定，其结果见图表 3-4。在硬度 15mm 时，抗拔力为 100kg；在硬度 25mm 时，仅为其 1 / 5，为 20kg；在硬度 30mm 时，仅为其 1 / 10，为 10kg。

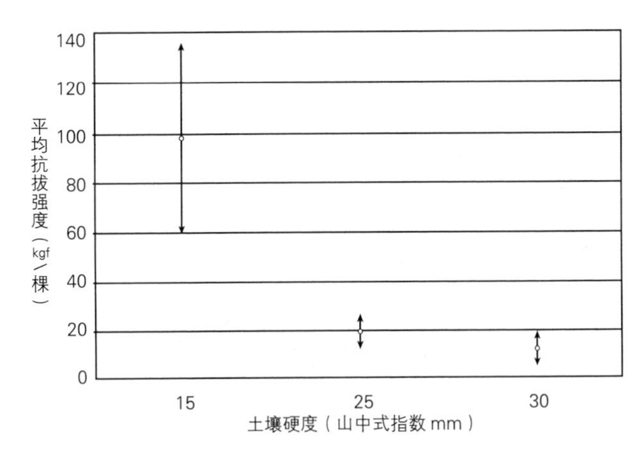

图表 3-4　土壤硬度和与抗拔力的关系（播种施工 1 年后的日本栬木）

以上的试验结果可以为我们制订生态环境修复、恢复的理念和技术提供以下启示：

① 在土壤硬度超过 25mm 的硬质基础上，如果采用传统的植苗

方法，将会形成功能低下的植被。这时，需要采取措施以改善硬质生育基础。

② 植苗造林与播种造林所形成树木的根系，在生长方面存在着很大的不同，其形成的植被功能也必然有很大的差异。

③ 地上部植物的生长，用肉眼可以看到。土壤硬度对植物生长的影响，即使在这部分没有表现出较大的差异，也会在肉眼看不到的地下部产生较大的差异。因此，不能仅从肉眼可见的地上部来判断植被的优劣，而应更加关注其质量和功能。

3 森林的倒伏与根系的形状

(1) 天然林树木根系的形状

森林的水土保持功能，是由其发达根系产生的。防灾功能强的林木与防灾功能低的林木的根系结构不相同。防灾功能高的树木（天然林），其粗壮的主根向地下深处伸展，而粗的侧根则沿地表向较大范围伸展，与相邻的树木根系交叉形成网状结构。另外，根系较长而根系数量少。

与此相对应，防灾功能低的树木（栽植苗木）的根系，没有向下生长的主根，侧根细、短、密生，分布范围较小，也根本看不到侧根交叉所形成的网状结构（照片 3-4）。

照片 3-4　天然林木粗壮的主根和侧根(50 年生赤松)

（2）栽植造林与播种造林树木根系的差异

对通过播种和栽植所形成林木的根系进行调查，发现其根系间存在着极大的差异。栽植苗木的根系，细、短、数量多，且直根消失。而播种苗木的根系粗、长、数量少，而主根向地下深处生长（照片 3-5）。

照片 3-5 播种林木（左）与植栽林木（右）的根系的差别

在土壤硬度大于 25mm 的硬质土壤，或者岩石坡面上，都可以看到播种林木主根的向下生长。主根在生长初期伸入到土壤表面松软的部分，如果继续有松软的部分或缝隙，根系就会继续生长。因为主根有向重力方向生长的特性，所以只要在重力方向存在可以生长的空间，主根就会向下生长。如果只有在水平方向具有可能生长的空间，则会沿水平方向伸展，并在延伸过程中，如果遇到重力方向的缝隙，就会沿缝隙向重力方向伸长。如果主根的延伸生长完全受阻时，可以看到在离根尖 3 ～ 5cm 处，主根重新生出，并稍微地改变伸展方向继续生长。就这样，主根不断地寻找重力方向，最终导致其向土壤的深度不停延伸。

而当土壤硬度大于 25mm 时，栽植林木的根系就不能向土壤深处生长，而只在地表松软部分生长，结果就导致了根系分布很浅。根系层变浅的原因，既有移栽过程中苗木的主根被切断，导致了沿重力方向伸展特性消失，也有主根的切断，更加促进了不具有沿重力方向生长的侧根的生长的原因。这样的结果，就导致了尽管生育基础上有裂缝的存在，植栽林木的根系也很少穿入裂缝，而更多的是沿地表匍匐生长。

（3）主根切断对根系的影响

如果苗木的主根被切断，其向重力方向性就会消失。我们进行了如下的研究实验，以观测切断主根后再生根的生长方向。

按照主根根长的5%、30%、50%、70%的比例进行根系切断，切断的比例越大，再生根偏离重力方向的角度也越大。这个结果说明，主根被切断后，再生根的向重力性变弱，根系更靠近水平方向生长，因此，根系层变浅。也可以说，主根被切断后，再生根的向重力性变弱，形成了和侧根相似的性质，不朝着重力方向生长（图表3-5，图表3-6）。

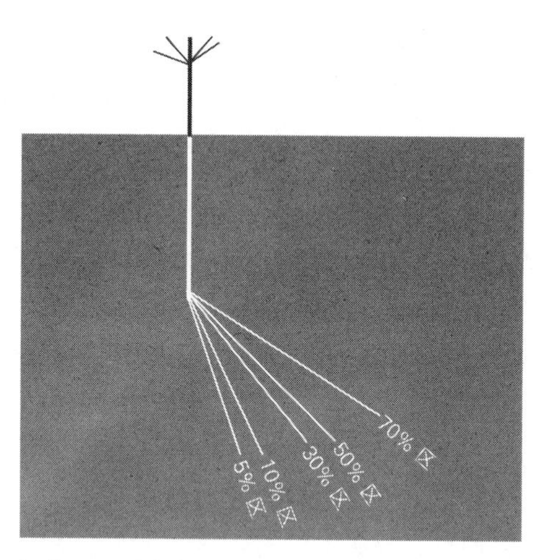

图表3-5　赤松的主根切断比例及再生根的生长方向

主根沿重力方向生长，是由于在根系顶端有感受重力的物质——淀粉体存在的缘故，当把含有淀粉体的柱细胞（columella cell，译者注）切除后，主根的再生的难度会随着离根尖距离的增加而增加。可以认为这是由于离根尖越远，淀粉体的数量越少的缘故。

从以上的结果可知，由于根系的切断会造成细根数量增加，这就

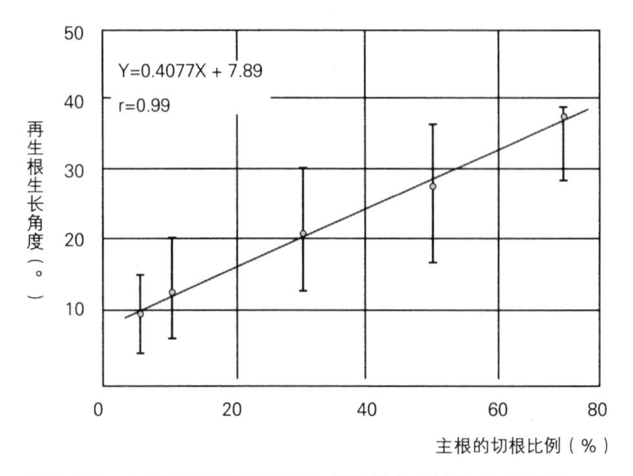

图表 3-6　主根的切根比例和再生根生长角度的关系（赤松）

是现行的育苗技术中存在的一个大的问题。到目前为止，如果栽植主根较长的苗木，就会造成苗木枯死，因而为提高植苗成活率，就切断主根以促进大量侧根生长。

因此，造林教科书上都在讲，细根密生的苗木是优良苗木，并且书中有为了增加细根而故意切断主根时使用的器具和图例说明。这是以人类目的为最优先的育苗方法。用这样的方法培育的苗木，我们一直在使用，但形成了不自然的根系，营建出了水土保持功能低下的森林。所以很有必要加强研究能充分利用植物固有特性的造林技术(照片 3-6)。

照片 3-6　衰弱根系栽植林木的倒伏

4 侧根密生苗木的缺点

从 20 世纪 40 年代后期开始，日本各地都开展了大规模的植树造林活动。现在日本国土已经几乎全部被这种植被覆盖。但是每当台风来临的时候，这些美丽的栽植林木就会倒伏，继而引起土体崩塌以及洪水灾害。美丽的人工栽植林木究竟为什么会如此简单地被损坏掉呢？其原因可能正是由于使用了侧根密生的苗木的缘故。

林木根系能否粗壮生长，是与苗木侧根数量有关联的。与播种林木根系特征相比较，正是因为使用了侧根密生的苗木，才使得植栽林木没有较长的主根和粗壮的侧根。有了生长粗壮的侧根，可以延长生长，并与相邻树木根系相互交叉，形成强大网络结构。但是细短的侧根却不能形成强有力的网络结构。森林的水土保持功能，正是由这种粗壮且长的侧根生长而得到加强的。

我们培育、使用侧根密生的苗木，是为了提高造林成活率。但是从营建具有较高环境保护功能的森林的角度来看，却具有很大的负面影响。人们总是根据自己的目的，通过改变遵循自然规律的自然界的状态来解决当前所面临的问题，这必然会为以后留下更大的问题。我们必须尊重林木长时间生长在自然界的根本姿态和策略，来作为我们正确指导处理环境问题的基础（照片 3-7）。

植栽林木容易发生崩溃的主要的原因可以认为有两点：① 主根消失；② 强有力的根系网络结构不发达。换句话说，也就是引起主根消失的造林方法和导致根系网络结构不易形成的造林方法，导致了植栽林木容易发生崩溃。以上这两种原因改变了树木本来的根系结构，但却很少引起人们的关注。

日本的森林，就形成了这样不自然的根系，从防灾角度讲，已处于一个非常危险的状态。但人们对此几乎一无所知，甚至关注此事的林业工作者也寥寥无几。他们认为通过间伐可以解决这些问题。通过间伐可以减少目前的问题，但却不能解决今后可能发生的问题（如崩溃），这是因为未能解决引起崩溃发生的基本问题。<u>而人们能做的只有祈祷 30 ～ 50 年以后，整个日本各地的人工林不要大规模发生崩塌，不要对下游带来大的灾害就好了</u>。

照片 3-7　主根丧失而只有侧根的栽植林木根系（柳杉和赤松）

5　容器苗的缺点

对施工 7 年之后的播种造林树木和容器苗植栽树木，我们进行了抗拔力的测定实验。调查地是位于淡路岛“国际园林都市园艺博览会”主会场后面的森林。那里原是建设关西机场时的采土场。

容器苗栽植木的根系形态与播种树完全不一样。

播种造林的树林的根系特点是：根径粗、根长、数目少、根的扩张范围广、主根的伸长能力旺盛、根层深厚，呈现自然的形状。

而容器苗栽植苗的根细、短、数量多、根的扩张范围窄、主根消失、根系层浅，与播种造林树木的根系形态完全相反。

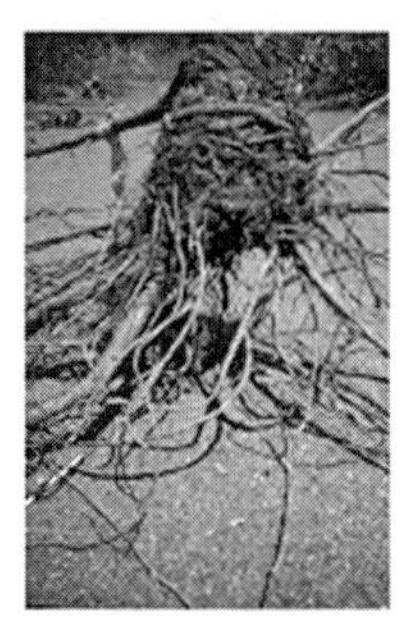

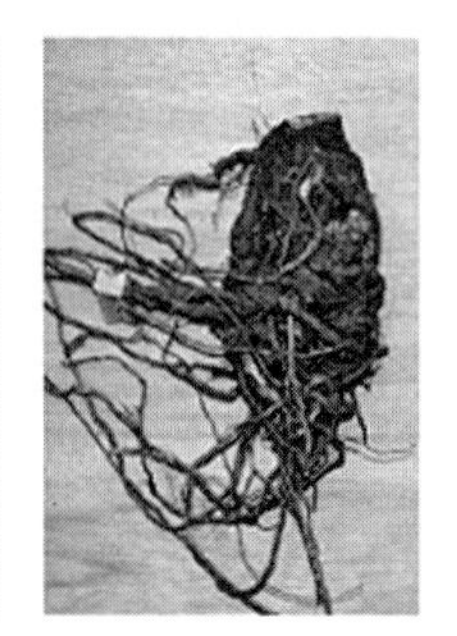

照片 3-8　容器苗的畸形根系（施工 7 年后）

更引人注目的是，使用容器苗植栽的树木，即使施工已经经过了7年，由主根缠绕现象造成的危害还没有消除（照片3-8）。在育苗容器中缠绕的苗主根，变成了10～15cm大小的圆形瘤状物而看不到向地下深处生长的现象。在被调查的所有树种（乌冈栎、赤松、枹栎）中，都存在这种现象，这也进一步证明了容器苗会阻碍根系的正常发育。

图表3-7表示的是林木地径与抗拔力的关系，横轴是地径，纵轴是抗拔力。对于播种造林的树木，随着地径的增加，林木抗拔力呈直线增加。而植栽树则随着地径变大，其与抗拔力的关系渐渐偏离了播种树木的回归直线。

也就是说，随着地径增大，单位地径的抗拔力在变小。因此，随着容器苗植栽树木变大，在自然环境中生存的能力（潜在的抵抗力）会渐渐变小。这就暗示着，等到林木树龄变大的时候，便会很难忍耐大幅度的气候变动。

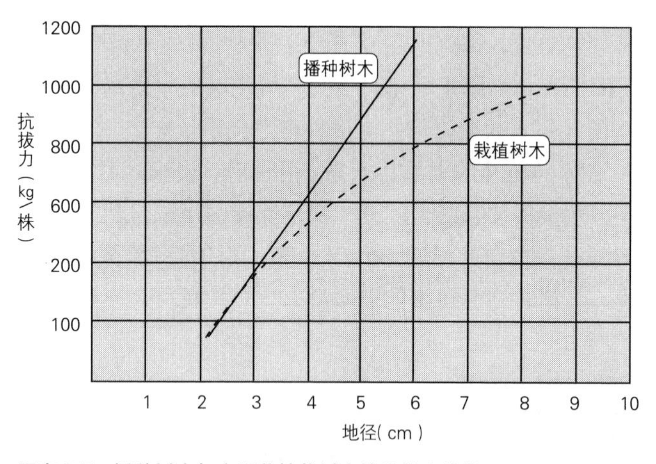

图表3-7 播种树木与容器苗植栽树木的抗拔力的差异

Ⅱ 营建具有主根的林木：近自然群落的营建方法

为了改善生态环境，有必要营建环境改善功能较高的森林。这种森林，要有较大的生长量，且寿命长。支撑植物生长靠的是根系的功能，特别是主根的功能，在植物生命活动中起着主要作用。主根的活动是植物生命力的源头。

在此，我们讨论一下能够促进主根活动的绿化方法，即营建具有主根的林木的方法。

1 通过植被基材喷播法形成的森林

植物导入的方法有苗木栽植法和播种法。虽然一般情况下，都是使用苗木栽植法，但是播种法却可以营建出环境保护功能较高的森林。两种方法营建的林木根系活力不同，播种法培育的树木，主根沿重力方向深层扩张，根系的生长空间变得更大。林木个体发育大，寿命也长。与此相比，栽植树木的根系由于被切断，生长空间变窄，树木原有的树势很难得到恢复。采用播种法培育的林木，环境适应能力强，因此，可以说，这种方法对于建立环境保护功能高的植物群落，是十分有利的。

播种法中具有代表性的施工方法是植被基材喷播法。植被基材喷播法是将种子、肥沃土壤、堆肥、肥料，侵蚀防止剂和水等进行混合后，用植被基材喷播机进行喷播施工的方法。喷播层的厚度可以依据立地条件而定。一般的参考标准为：硬质岩石坡面7cm以上，有许多裂缝的岩石或容易风化的岩石坡面5cm以上，土石坡面3cm以上。在陡坡或岩石坡面上，还要同时使用挂网工程，以防止喷播层的滑落。

在日本，植被基材喷播法大约是从1963年开始使用的。当时国土资源开发十分盛行，当初曾使用了种子喷播法、种子撒播法、客土种子喷播法等多种名称，主要用于导入初期生长比较快的草本植物。这种通过草本植物实现快速绿化的方法，为当时的开发建设所形成的荒废地的植被导入，生态系统的快速恢复做出了很大的贡献。特别是，当时日本各地都进行着大规模的自然开发，能够恢复得像今天这样的绿化覆盖率，依靠植被基材喷播机进行的快速绿化方法，可以说功不可没。

进入到20世纪70年代后半期，人们了解到营建单纯的草本植物群落，会存在许多不足之处：①斜面容易坍塌；②草本植物的快速衰退容易使坡面再变成裸露地；③人为开发的痕迹会一直留下来；④从周边入侵的植物较少；⑤生态系统的恢复速度较慢等。

为了解决这个问题，从1980年左右开始，我们进行了通过植被基材喷播机营建木本植物群落的实证研究，并在1986年提出了“通过播种法快速实现森林化的绿化技术”建议。这里列举的是对该技术的发展起到主要作用的几个试验案例。

①桤木群落的营建。在奥羽山系的因农地开发整理工程产生的道路边坡，证明了用播种法能够成功营建桤木群落（农用地开发公团事业，东兴建设㈱施工，1981年）（照片3-9）。

②先锋树种与潜在自然植被种混交群落的营建。在三重县海滨市的因农地开发整理工程产生的岩石坡面，验证了通过播种法，可以营建出上层为先锋树种、下层为潜在自然植被种的混交群落（东兴建设（株）施工，1986年）。

③在侵蚀严重的陡坡面实现快速森林化的试验。在尼泊尔国道1号侵蚀严重的陡峭的砾石坡面上，曾进行过大规模的植苗造林，但都

照片3-9　通过植被基材喷播法营建的桤木植物群落

失败了。为了实现稳定坡面和快速恢复生态系统的目的，我们通过实验，验证了以当地乡土木本植物种为主要树种，可以快速恢复木本植物群落。3 年后调查的结果，确认了主根构成了发达的根系结构，并且对确保早期的斜面稳定性、快速实现与周边景观相协调具有促进作用（日本政府无偿援助项目，彩光㈱施工，1996 年）（照片 3-10）。

④公路边坡“山樱 + 木蜡树”群落的营建：在广岛县庄原市西城町的道路边坡，以营建美丽景观为目的，成功营建了以山樱为主要构成树种的木本植物群落。（绿资源机构项目，三洋绿化产业㈱施工，2002 年）（照片 3-11）。

照片 3-10　通过植被基材喷播法营建的木本植物群落（尼泊尔国道 1 号坡面，左为施工前）

照片 3-11　使用植被基材喷播法营建的“山樱 + 木蜡树”的群落（广岛县庄原市西城町）

以上案例说明，“通过播种快速实现森林化技术”得到了快速普及，实现了由原来的使用草本植物进行绿化，向着使用木本植物进行绿化的大转变。通过对此技术的合理施工，可以有效避免坡面崩塌以及由草本植物植被退化而导致的再裸地化。

但是在植被基材喷播法营建木本群落时，还存在两个问题：一是施工时需要较高的施工技术和施工经验；另一个是为了确保设计目标群落的形成，需要更高的技术。也就是说，木本植物的群落形成相对简单，但是确保设计的各种目的树种存活，形成目标群落结构则较为困难。这是因为树种不同，其种子的储藏方法、发芽条件、生长条件、最宜施工时期、最适生育基材、播种方法、喷播层厚度等，都会存在差异。

因此，目前实际施工的案例中，只有发芽容易、初期成长快的树种被使用在喷播法植被恢复中，结果是形成了纯林群落。我们经常看到的（胡枝子或紫穗槐）的纯林坡面，正是由于上述的原因所导致的。

2 种基盘绿化技术

（1）种基盘绿化技术简介

种基盘绿化技术，就是为了让树木根系能像天然林那样向地下深处和广处生长，在土壤中埋入中央具有贯通孔的土质基块（称为种基盘或保育块、保育基盘），作为植物生长的生育基础的绿化技术。在施工方法上，可以分为“种基盘播种绿化法”和“种基盘苗移栽绿化法”两种方法。无论哪种方法，都能形成比较接近自然的根系形态，植物群落所持有的环境保护功能较高，对荒废自然环境的修复、恢复效果显著。特别对于干旱地区的植被恢复，营建水土保持功能高的群落以及环境保护功能高的群落，特别有效（照片 3-12、照片 3-13）。

照片 3-12　种基盘外形（土壤 + 有机质 + 肥料）

照片 3-13　种基盘苗（樱花）

（2）种基盘绿化技术开发的背景和目的

种基盘绿化技术的开发背景，可以有以下几个方面的问题和需求：

1）增加山区水土保持以及森林的环境保护的功能

人工植栽林与天然林比较，具有以下缺点：① 水土保持功能低，并且会诱发塌方，倒木以及洪水灾害等；② 很早就会出现连年成长量降低，形成大径材的较少；③ 对气候变化的耐性较弱，并且寿命短。

发生在人工植栽林木中的这些现象，就是起因于非自然状态的根系形态。也就是说，人工植栽林木所形成的不自然的根系形态，与天然林有很大差异，必然会引起森林环境保护功能的低下。

日本在二战结束以后，全国进行了大规模的植树造林事业，但全部都是采用植苗造林的方法。现在，由此方法所营造的森林，正在逐年变为不能耐受地球环境变动的森林，变成如果没有人为管理就不能在自然中生存的森林，进而变为了会诱发洪水灾害的森林（照片 3-14）。

照片 3-14 不具有主根的植栽林木的不自然的根系（50 年生柳杉）

也就是说，现在日本全境都被水土保持功能以及环境改善功能低下的森林覆盖，发生自然灾害的危险性会年年增大。因此，需要开发一种能够提高森林环境保护功能的绿化技术。

2）开发能适应沙漠等干旱区绿化的技术

现在，在沙漠等干旱区所应用的绿化技术，都是采用挖大穴、栽植大苗、大量灌水的方法。这样的植栽方法，可以说是违背了自然的形成机理以及植物的生理规律，是一种非常强制的手法。不但浪费了大量资金，还会营造出如果不依赖人类管理就不能存活的植物群落。大量使用人工进行灌溉，虽然也可以在没有降水的沙漠地带引入植物，但却浪费了有限水资源，使用了过多的能源，并要长期地进行管理。这样，我们就不是在改善我们的地球环境，而是变成了一种与浪费贵重资源具有同样后果的行为。

适宜于沙漠等干旱区的绿化技术，本质上应该以依靠天然降雨来维持植物生存为前提。另外，还要遵循干旱区植物群落的形成机制，弄清干旱区植物生长的生理现象，促进在干旱区能够生存的植物形态形成，才是至关重要的。而这个关键就是植物的根系。

也就是说，在干旱地区，我们需要建立一种新的绿化技术，以便营建出能够在剧烈变化的自然环境条件下自立、生存的植物群落（照片 3-15）。

照片 3-15 植栽的大苗发生大量枯死（枯死率 97%，中国库布齐沙漠）

3）开发自然生态系统的修复、保护技术

在地球环境正在急速发生荒废化的今天，自然环境的修复和恢复是一个最优先的课题。自然环境的修复和恢复，要依赖于森林所具有的较高环境保护功能。森林的环境保护功能，会因森林形态以及森林的生长状况不同而有较大差异。自然形成的天然林，其环境保护功能明显的高，而人工林则较低。也就是说，为了修复恢复荒废了的自然生态系统，营建具有较高环境保护功能的森林应该作为前提，而这种营建技术的开发是我们所期待的。

针对以上三个方面的问题，我们提案了“种基盘绿化技术”，并通过反复的基础实验，确认了种基盘具有促进主根（垂直向下生长的根）的发育，诱导根系向地下深处生长的功能。这种促进作用，可以直接影响以下几个方面：①提高保育土壤的功能；②减少苗木因干旱引起的枯死；③提高水土保持（水源涵养）功能。

3 种基盘的制作

将土壤（或专用土）、有机质（堆肥等）、肥料和土壤侵蚀防止剂等进行混合，加水，使用模具制作成型即为种基盘。人工或机械制作都可以。

① 土壤可以为河流沉积土（黏土、粉沙）、沙壤土或当地的土壤。

② 有机质材料可以使用生活垃圾堆肥、树皮堆肥、木屑堆肥、农作物壳或草炭土等。

③ 肥料使用能溶解于降雨且难以流失的缓释肥料（N∶P∶K∶Mg = 6∶37∶6∶16）。这样的肥料通过根酸融化，对目的植物种的生长、保存会起到积极作用。

④ 根据使用的土壤类型，可能还要加入土壤活性材料、土壤改良剂、团粒形成剂等。通过适量添加这些材料，可以提高微生物的活性、促进土壤团粒结构的形成，最终促进根系的生长（照片 3-16）。

4 种基盘绿化技术的施工

种基盘绿化技术的施工方法，从大类上可以分成两种方法，即“种基盘播种绿化法”和“种基盘苗移栽绿化法”。究竟选用哪种方法，还要考虑施工时期、施工地点、是否同时使用其他技术施工等。

照片 3-16　种基盘的制作工具

（1）种基盘播种绿化法

这个方法是将已经填埋了目的树种种子的种基盘，直接埋入施工地的方法。施工时期主要适合从秋天到春天之间的施工。在秋天施工的情况下，通过一个冬季，种基盘内的水分和周围土壤水分会达到平衡状态，种子随着初春气温的上升而发芽、生长。且发芽、成长的过程是适应、顺应了自然的变化。

种基盘绿化技术的提出，就是为了营建出即使在严酷的环境下也能形成像天然林那样强有力地生长的群落。这也是基于这样的考虑，即从生长起点开始，植物就能在自然变化的土地中生存，这是十分必要的。

一般情况下，如果在施工地直接播种木本植物的种子，由于土壤的干旱或者土壤的侵蚀，不具备发芽、生长的适宜条件，导致正常的发芽几乎无法进行。这时，我们可以采用种基盘绿化技术，以营造一个能满足发芽和初期生长的条件，并且由于这种条件，植物从发芽的阶段开始，就在土地的自然变化中进行生命活动，所以能适应环境的变化生长。

种基盘播种绿化法，既适宜于栎类等种子大、发芽势高的植物，也适宜于主根生长旺盛的核桃、栗子、柿树、梅树、桃树等植物。

而且可以防止容器苗中发生的根系缠绕的障碍，使主根能向地下深处生长（照片 3-17）。

另外，当利用竹筒等容器进行直接播种时，切断了与周围土壤的水分交换，对种子发芽具有妨碍作用。种基盘中的水分，可以具有与周围土壤水分相似的变化规律，因此，能顺应自然进行生长。

在进行种基盘埋设时，挖穴深度大约为 20 ～ 30cm，在回填土后放置种基盘，填实四周，并使周边填土高于种基盘 2cm 左右，在种基盘上面覆 1cm 的土。埋设种基盘的时候，在回填土壤中，如施用缓释固态肥料则效果更好。通常，每穴中可施入缓释肥（N∶P∶K∶Mg = 6∶37∶6∶16）20 克。

发芽以后，也可以对种基盘进行间苗管理。根据树种不同，一般可每个种基盘留苗 2-3 株，以通过“竞争原理”和“保护原理”的叠加效应促进幼苗生长和生存。

（2）种基盘苗移栽绿化法

这是一种先在温室大棚中进行种基盘播种、培育幼苗，然后栽植在施工地的方法。利用种基盘苗，不会像容器苗那样产生窝根现象，

照片 3-17　主根向地下深层生长的麻栎根系

照片 3-18　种基盘苗（表面为侧根）

主根的生长得到了促进（照片 3-18）。

种基盘苗的植栽方法几乎和传统苗木植栽方法相同。植栽穴可以稍微挖深一些，回填土后再植种基盘苗。回填土时，如混合施用缓释肥（N∶P∶K∶Mg = 6∶37∶6∶16），每穴 20 克，则苗木生长状况会更良好。

在植栽种基盘苗时，要尽可能地用力压实回填土，不让种基盘和土壤之间留有缝隙。特别是在石砾含量较多时，种基盘苗的周围容易产生空隙，所以要设法使保育块与周边土壤成为一体。另外，在容易干旱的土壤或容易干旱的时期施工时，种基盘苗可用水浸泡之后再植栽。

种基盘苗的高度一般以 15 ～ 30cm 比较适宜，最大也不要超过 50cm。

（3）施工时的的注意事项

① 在挖栽植穴时，应和传统的植苗穴大小相同，并尽可能地挖深一些。在沙质土壤上，使用小铲，在普通的土壤上使用钻孔机或动力打孔机。在岩石地使用空气钻等，以尽量打深一些。

② 在干旱季节施工时，施工前将含种子的种基盘或种基盘苗进行浸水，可以增加成活率。

③ 在干旱地区，如同时采用鱼鳞坑整地，可增加成活率和苗木生长量。

④ 在沙漠等干旱区进行施工时，可以同时采用各种覆盖措施，比如石块、秸秆、干草、木屑、枝条、纸、布等（照片 3-19）。

照片 3-19　种基盘苗 + 石块覆盖

5　种基盘的功能和效应

（1）促进主根向地下深处生长

当利用了种基盘时，树木的主根像天然林那样向地下延伸，同时粗的侧根向四周延伸扩张，因此，根系的土壤保育能力就会得到提高。同时，植物的生长和适应能力得到提高，并避免了容器苗中存在的窝根缺陷。

在传统的栽植苗木中，我们看不到直根（主根、下垂根）的生长，侧根较细、生长浓密、分布浅。而且根系生长的范围较窄，网络结构比较弱。正因为此，与播种苗木相比，植栽苗木土壤保育能力小，对气候变动的适应性较弱，生长量也较小。而种基盘苗则可以避免所有这些缺点。

（2）促进主根生长的机理

种基盘对主根生长的促进作用，主要是种基盘中的贯通孔所起的作用。贯通孔可以促进、诱导主根的生长，首先是因为贯通孔消除了土壤硬度对根系延伸的抑制，根系的生长变得旺盛。同时帮助了主根沿重力方向延伸特性（向地性）的发挥，诱导主根很容易地沿着贯通孔的壁向重力方向生长。

为了使根系的生长更加良好，种基盘中混入了特殊的肥料（超缓释肥）。这种肥料难溶于水，是由根酸溶化的，所以只对导入的植物有效。特殊的肥料配比和肥效的长期持续性，促进了根系旺盛增长。

还有一个促进主根生长的要因，那就是种基盘的保水性较高。种基盘中混入的大量黏土，提高了其保肥性和保水性。这样就可以加快根系向下生长的速度，增加了根系吸收周围土壤水分的机会，减少了枯死量。在干旱地区，种基盘幼苗的枯损率较低就是这个原因。也就是说，根系向下延长生长，与土壤的干旱进程相一致，保证了幼苗的成活。

（3）实现了自然界的物质循环

制作种基盘的主要材料是用土壤和有机质。土壤可以是河流沉积土、湖底沉积土、水库淤积土、污水处理厂的污泥以及当地的土壤。有机质材料可以是堆肥和草炭等。作为堆肥的原料有秸秆、稻谷壳、生活垃圾、杂草、枯枝落叶物、树枝、间伐小材等。这些原料都是自然界中物质循环过程某一阶段的产物，不用担心会干扰自然界物质循环，也不会带来任何环境负荷，反而可以说，因为使用了这些材料，促进了物质循环。

种基盘还会在另一方面参与到自然界的物质循环中。泥沙从山上流失，降低了山地土壤肥力，引起植物衰退。引发植物衰退的主要原因是什么呢？那就是黏土。失去黏土的土壤，与沙漠土壤没什么差别，保水性和保肥性都随之丧失。黏土在恢复和维持生态系统中发挥着重要的功能。在制作种基盘时，如果使用含有大量黏土的河流沉积土，一方面会加快生态系统的恢复，另一方面还将从山地流失下来的黏土重新返还回去，这对于维持生态系统也发挥了积极作用。也就是说，种基盘的使用，既对荒废地进行了土壤返还，也对抑制大地的衰退作出了较大贡献（照片 3-20）。

照片 3-20　最适于种基盘用土的河流沉积土（黄河）

（4）种基盘苗和容器苗的差别

与使用容器苗栽植的树木相比，使用种基盘苗栽植的树木有以下几个方面的不同：

①种基盘苗木主根向地下深处延伸生长，不会形成像容器苗那样的根系缠绕、窝根。

② 通过粗壮主根的旺盛生长，树木具有了强大的抗风倒和崩塌能力。

③ 通过树木间粗大侧根的互相交叉，形成了发达的根系网络结构，形成了难以滑落的植物群落。

④ 因为根系可以在较大空间范围内没有阻碍地生长，维持了较高的生长量，且寿命也会大于容器苗苗木。

⑤ 树木在生长过程中，根系形态会与坡面坡度相适应，地上部和地下部也会平衡生长，即使树龄和树高变大，在急陡斜面上，也能形成抗崩塌能力很高的树木（图表 3-8、照片 3-21）。

6　种基盘绿化技术的潜在效能

（1）营建环境保护功能高的群落

种基盘绿化技术，可以显著地促进树木主根发育，使根系向地下深处生长。因此，可以期待所形成的植物群落，具有较高的环境保护

图表 3-8 种基盘苗和容器苗的差别

项　目	种基盘苗	容器苗
主根	粗壮、较长	缠绕、细而短
侧根	粗壮、较长、疏生	细、短、密生
网状结构	能形成	不易形成
根系深度	较深	较浅
根系分布	生长范围较广	生长范围较窄
生长特性及寿命	生长量大、寿命长	生长量小、寿命短
对坡度的适应性	根系形态随坡度发生变化	根系形态不能随坡度发生变化
土壤保育能力	较高	较低

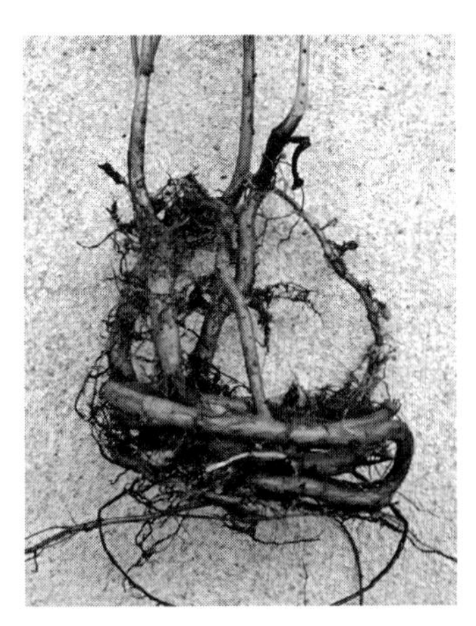

照片 3-21 种基盘苗（左）和容器苗（右）根系的差别

能力：①提高了土壤保育功能；②避免了苗木干燥枯死；③提高了山地的保水能力（水源涵养能力）；④提高了对气象变动的耐性；⑤维持了树木的较高寿命等。

（2）避免了沙漠等干旱地区幼苗的枯损

种基盘通过其较高的保水性能和养分的集中供应，促进了根系的初期生长，提高了幼苗的保存率。另外，通过提高根系的向下生长速度，以适应表土层的干燥速度，增加了土壤水分的吸收效率，提高了植物的总生产量。对于灌溉农业来说，种基盘所具有的这种长期保水性，必然会对节水或延长灌水间隔起到很好的效果。

（3）确保目标群落的形成

有许多树种都可以用种基盘苗培育，并且通过种基盘苗可保证植物个体的成功导入，因此，便能更加确保生物多样性等目标群落的形成。

（4）使全年施工成为可能

由于种基盘具有较高的保水性，且种基盘和树木的根系成为一体，即使在干旱季节也能大幅度地减少幼苗的枯损，所以全年四季进行种基盘绿化的施工，也能保证植物的存活。另外，从秋季至早春，采用“种基盘播种绿化法”，从初春至秋季采用“种基盘苗移栽绿化法”，更加保障了全年施工的可行性。

（5）不会污染环境，不增加环境负荷

由于种基盘本身是由土壤和有机质构成的，没有使用塑料等高能源、资源消耗型物质或者环境污染物质材料。因此，原料制造和分解过程所需的能源总量较少，并且几乎不会增加环境负荷。另外，由于使用了不随降水而流失的肥料，以及种基盘自身所具有的较高保肥能力，更加防止了肥料向周围的流失。

（6）支撑了生态环境的可持续发展

由于种基盘是由土壤和有机质构成，土壤使用了河流沉积土等材料，有机质利用了谷物壳、生活垃圾堆肥等，不会很大地扰乱自然的能量循环过程。另外，通过将河流沉积土向荒废山地的返还，促进了生态系统的恢复，抑制了大地的退化，为生态系统的可持续发展打下了基础。

（7）有效地节省人力，节减经费

种基盘绿化技术的所有优点，都直接和节省人力、节减经费相关联。

①能确保目标树种的引入；

②施工简单、施工效率高；

③能省去施工后的浇水管理和除草管理等；

④与容器苗相比，不会发生根系缠绕的障碍，树木的生长变得更加旺盛；

⑤全年都可以进行施工；

⑥与植生基材喷播法相比，木本植物的种子使用量不到其十分之一；

⑦能形成防灾能力强的植物群落；

⑧“草本种子喷播法＋种基盘绿化技术”的同时使用，能够保障施工更加廉价，成功性更高；

⑨种基盘使用的材料，是由土壤和有机质等天然物质构成，没有使用高能源消耗的塑料等材料，显著减少了材料制造过程的能源消耗量，以及对环境的负荷。

（8）作为未来的生态环境保护技术的展望

种基盘绿化技术，今后会有更加广阔的应用前景。如作为生态环境修复、重建技术，可以应用于荒废山地、沙漠等干旱地、海岸沙地、采石迹地、道路等开发建设所形成的裸露斜面；作为营建高功能植物群落的技术，可以应用于林种改造、森林更新、防灾绿化、河岸林营建、城市绿化、环境林营建、园林及庭院绿化、生产环境保护林营建等。进而，通过对生活垃圾、养殖业废弃物、农作物废弃物等的处理和综合利用，可以作为未来的环境保护技术，为改善区域内的能量循环做出贡献。

7　种基盘技术的验证试验

（1）在河南省荒废山地的应用

2001 年 5 月，在河南省济源市太行山荒废山的南坡，进行了种基盘造林应用实验，土壤使用的是黄河沉积土，树种为侧柏和山毛桃。山毛桃生育良好，1 年后树高生长达到了 100cm 以上。6 年后侧柏树高达到了 4.5m 以上，与山毛桃形成了混交林。侧柏的主根向地下深处生长，与栽植苗木的细、短根系形成了鲜明的对比（照片 3-22，照片 3-23）。

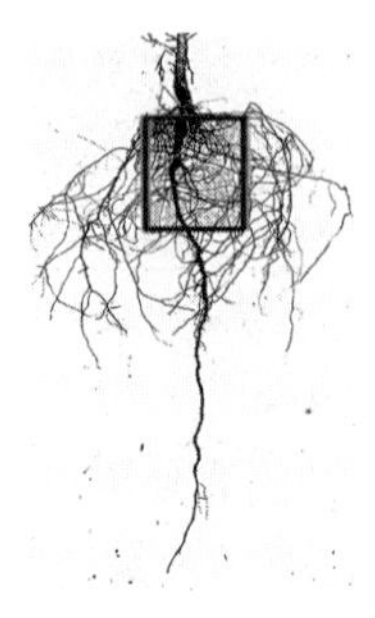

照片 3-22　促进主根生长的侧柏种基盘苗

照片 3-23　种基盘技术施工第 4 年侧柏和山毛桃所形成的混交林（河南农业大学、精工爱普生株式会社协助）

（2）在河南省内陆沙地的应用

2002 年 9 月，在河南省中牟县沙丘地上，使用黄河沉积土制作种基盘，然后埋入沙地、播种。造林应用实验 1 年后进行调查，苦楝的苗高达到了 50 ～ 60cm，主根的分布深度达到了 90cm 以上。这和在日本进行的预备实验结果相同，表现为主根粗大且分布深（照片 3-24）。

照片 3-24　生长在沙丘地的苦楝根系

（3）在山西省黄土丘陵区的应用

2003 年 10 月，在山西省大宁县，用黄土制作种基盘，使用 5 个树种进行播种。造林应用实验 3 年后对树高进行调查，山毛桃为 450 cm，刺槐为 650 cm，臭椿 630 cm，核桃 500 cm，沙枣 630 cm，生长量显著高于栽植苗木。

另外，2004 年 10 月对施工一年后的沙枣根系进行了调查，与栽植苗木的根系不能侵入未松动黄土相比，种基盘苗（树高

100cm）的主根向下延伸，侵入到了未松动黄土中 80cm 以上（照片 3-25）。这种根系的差异，一定会影响到苗木后续的生长和抗逆性。

照片 3-25 施工 1 年后沙枣的主根生长以及 3 年后的生长状况（树高 6.2m，黄土高原，JICA 资助）

（4）在草本植物防护边坡的应用

草本植物护坡，会形成单调的景观。为了更加美化道路景观，2004 年 8 月，在日本岐阜县飞驒地区草本植物护坡施工 1 年后的道路边坡上，栽植了樱花种基盘苗。另外，于 2005 年 6 月，在长野县上伊那郡原有的草本植物护坡道路坡面上，栽植了樱花和枫树的种基盘苗（照片 3-26）。

结果发现，樱花和枫树的种基盘苗，生长过程不会受到草本植物的被压。由此可知，为了营建优美景观或生态环境保护型群落，采用"草本植物护坡 + 种基盘苗栽植"是最有效的方法。并且与传统的厚生基材喷播技术相比，施工的成功率更高，费用也会降低。作为今后以恢复自然环境为目的的绿化技术，值得关注。

（5）在已有框架护坡工程中的应用

从稳定边坡的角度看，框架护坡是重要的绿化基础工程。但从景观保护的角度看，此种技术需要进行改进。2006 年 6 月，在长野县上伊那郡防治急陡斜面崩塌的框架护坡工程内，栽植了樱花种基盘苗。

照片 3-26　草本植物护坡道路坡面上的种基盘苗栽植（绿资源机构・天龙工业株式会社资助）

照片 3-27　已有框架护坡工程中施工的种基盘苗（施工 2 年后，长野县伊那建设事务所协助）

2 年后，树高达到了 2m，框架护坡工程完全被掩盖，原来被刺果瓜和高大草本植物覆盖的不良景观，一下变成了优美景观，并且第四年看到了樱花盛开。这个结果说明，通过框架护坡和种基盘技术的组合使用，可以同时满足稳定坡面和改善景观两个方面的要求（照片 3-27）。

（6）在采石场废弃地的应用

2004 年，在日本三重县菅岛采石场南朝向干燥的砾石边坡上，为了实现通过乡土植物种恢复自然生态系统的目的，使用了种基盘技术播种了乌冈栎。虽然施工的质量、施工时期、施工后的降雨量、潮风的强度、干旱的程度等会影响到施工效果，但总体来讲，同时使用种基盘技术和覆盖技术，即使在朝南的干旱立地条件下，也能确保施工的成功，营建乌冈栎的群落也比较容易。

2006 年 7 月，在长野县下伊那郡的大鹿采石场，选择朝南坡向的强风化砾石挖方边坡，施工栽植了樱花、枫树和榉树的种基盘苗，并且为了使种基盘和周围基质连为一体，栽植时，在种基盘苗的周围填充了 1L 的黏土，榉树种基盘苗还使用了玉米秸秆覆盖。1 年后 3 树种的成活率分别达到了 99%、70% 和 100%。

这些都是在极度干旱的砾石边坡上，仅采用种基盘技术所得到的结果，也充分说明了种基盘苗适用范围的广泛性和种基盘绿化技术施工的较高成功性。同时，如果采用“种基盘苗 + 草本植物”、“种基盘苗 + 辅佐树种”、“种基盘苗 + 秸秆覆盖”等共同施工，该技术可以应用于更加严酷的立地条件，适用范围会更加宽广（照片 3-28）。

照片 3-28　采石场挖方边坡施工的种基盘苗（施工 3 个月后，大鹿碎石株式会社协助）

（7）在大型崩塌地的应用

为了快速恢复生态环境，确保斜面的稳定性，并实现治理工程与周围景观相协调，我们于 2007 年在新潟县与长野县交界处的一处大型崩塌地，采用了植被基材喷播 + 种基盘苗（榉树、麻栎、樱花、漆树）

栽植的方法进行了施工。

虽然经历了干旱、风等影响，施工 2 年后，榉树和麻栎的保存率达到了 90% 以上，樱花和漆树的保存率达到了 80% 以上。由于剧烈的表面侵蚀，仅采用植被基材喷播技术导入榉树和樱花等木本植物很难成功，而同时采用了种基盘苗栽植则大大提高了施工的成功率（照片 3-29）。

照片 3-29　大型崩塌地的种基盘苗栽植（葛叶山，松本砂防事务所协助）

（8）在切挖岩石边坡的应用

为了开发研究能够确保岩石边坡景观修复、生态系统恢复以及坡面稳定性的绿化技术，2006 年 7 月 17 日，在长野县大町市采石场的岩石坡面上进行了种基盘苗的栽植实验。

施工的顺序为：

①在选择的岩石坡面上，全部进行挂网作业；

②考虑到坡面的凸凹不同，选择植物易着生的地方，并沿垂直方向设置圆筒（照片 3-30）；

③使用植被基材喷播技术，在斜面上喷附 5 ～ 10cm 的生育基础；

④待生育基础硬结后，拔出圆筒，在孔中插入种基盘苗。使用树

种以樱花为主，中间混植漆树、辛夷、四照花和侧柏。

种基盘苗的定植方法：

①种植前需将种基盘苗稍微浸水，在定植种基盘苗时，要注意增强种基盘和生育基础的密接性；

②本次施工的设计密度为 2×2m，但在选择植物易生长的地点时，等距种植不太可能，最终种基盘苗的定植间隔为 2 ～ 3m。但从自然景观的恢复和植物的生长的角度看，非等距栽植可能更有利；

③种基苗的侧根要充分伸入种基盘；

④种基盘苗的苗高要注意控制在 50cm 以下。本次使用的樱花种基盘苗的平均高度为 20cm；

⑤使用植生基材喷播技术营造的生育基础，抗侵蚀性特别好；

⑥通常，喷播的生育基础是用来导入草本植物的，草本植物的密度设定为 1000 ～ 3000 株 /m^2。本次施工，为了掌握生育基础的耐侵蚀性，生育基础中没有使用草本植物（照片 3-31）。

照片 3-30　在拟栽植种基盘苗的地方设置圆筒后，进行植被基材喷播（北阳建设株式会社协助）

照片 3-31　岩石坡面的种基盘苗的栽植（施工 1 年后，樱花的成活率为 98%）

两年后的生育状况：

虽然施工季节是在干旱的夏季，但两年后的保存率仍达到了 90% 以上，并且主根深深地侵入到岩石裂缝中，粗大的侧根分布范围很广。由此可知，通过采用这种技术，在岩石坡面也可确保目标树种的成功导入（照片 3-32）。

照片 3-32　侵入岩石裂缝的樱花根系（施工 3 个月后和 2 年以后）

（9）在砾石堆积坡面的应用

在北京郊外的百花山，建设道路时产生的大量砾石堆积在了边坡上。为了修复景观，于 2006 年栽植了山毛桃、山杏、榆树等的种基盘苗。

首先，通过植被基材喷播法，在砾石堆积坡面上喷播 8 ～ 10cm 厚的基层，然后再种植种基盘苗。栽植种基盘苗时，在下面注入泥浆，种基盘苗就能良好生长，两年后白榆的树高达到了 1.5m。而不注入泥浆，则种基盘下部由于发生干旱，苗木会发生生长不良，甚至枯死，另外，还有一些会被喷播时导入的草本植物所压（照片 3-33）。

以上结果说明，种基盘绿化技术在砾石堆积坡面的应用是十分可行的，但是必须要注意以下两点事项：

① 如果使用高度较大的草本植物，木本植物则会出现被压现象；

② 木本植物受生长基础下部干旱的影响程度要大于草本植物。所以在干旱地区，也要充分考虑防止根系层下部的干旱。

照片 3-33　砾石堆积坡面的种基盘苗栽植（北京市百花山公路，北京师范大学、岐阜应用资材有限公司协助）

（10）在沙漠化地区的应用

在面临着沙漠化危险的地区（位于库布其沙漠西北部的鄂尔多斯市独贵镇），为了建立能抑制沙漠的扩大、恢复和改善农业生长环境的绿化技术，从 2007 年 4 月开始，进行了种基盘绿化技术的施工试验。

① 栽植的沙枣（高苗 1m）有一多半都发生了枯死，而用种基盘苗栽植的沙枣的成活率却超过了 80%。一年后的树高达到了 50cm，主根达到了 50cm 以上。另外，枸杞、沙棘、白刺的成活率都达到了

80% 以上。

② 采用向日葵杆制作草格沙障，作为防止地表沙粒移动的绿化基础工程。2008 年 7 月植栽施工的白刺种基盘苗，施工 3 个月后的成活率超过了 90%，并且生长也良好。另外，如再用玉米秸秆进行覆盖，则施工的成活率就更高了。

③ 为了实现这个绿化技术的推广和转化，要得到当地农民的合作，推进营建能改善农业生态环境的农业环境保护林（照片 3-34）。

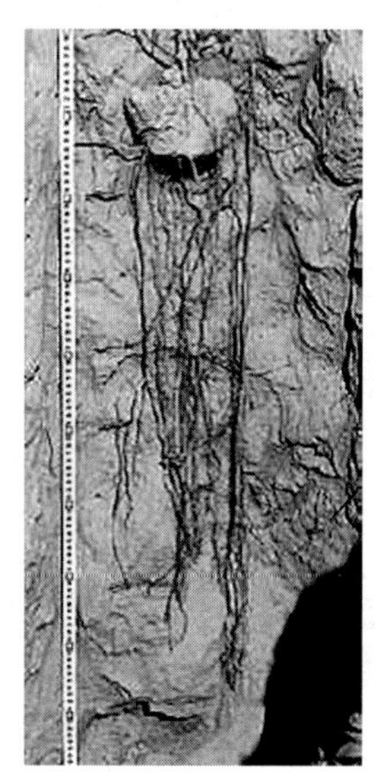

照片 3-34　能加速根系沿重力方向生长的种基盘（精工爱普生株式会社、国际妇女联合会长野协助）

（11）在内蒙古草原的应用

利用大型机械进行大规模的农业开发，使土地快速变得瘠薄，不能进行农业生产的土地面积急速增加，也不断地破坏了在微妙的平衡基础上所形成的内蒙古特有的生态系统。我们认为，充分利用草原生态系统进行农业生产，种基盘绿化技术可以发挥作用。在 2004 年，在乌兰巴托东的巴嘎诺尔进行的施工，证实了在不改变草原生态系统的情况下，是能够进行农业生产的（照片 3-35）。

照片 3-35　在蒙古荒漠化草原上使用种基盘绿化技术
（NPO 日蒙农业交流协会资助）

（12）作为林种改造技术的应用

为了对由松线虫等引发的残次林、枯损林等人工栽植的防灾功能低下的林种进行改变，在北京市郊区西山的残次林和日本秋田海岸林的松林，尝试应用种基盘绿化技术与带状间伐的组合使用，使林种改造作业变得很容易了。

（13）在农作物栽培上的应用

于 2003 年在沙地栽培玉米和西瓜，使用了种基盘的区的生产量比对照区多了 2 倍。另外，利用种基盘栽培的甘草，根系生长旺盛，在沙土中根系的分布深度达到了对照区的 2 倍以上。利用种基盘栽培西红柿也取得了很好效果。从这些结果看，“种基盘施工方法”在干旱地区的农业生产、特别是针对灌溉农业地区的作物栽培方面，有利于提高水分利用效率，具有极为广阔的应用前景（照片 3-36）。

（14）在市民公园中的应用

2004 年 6 月，以“市民绿地建设”为目的，在日本长野县的诹访湖畔，利用种基盘进行播种培养了百日草。

种基盘土壤使用的是诹访湖的沉积土，有机质是学校食堂等生活垃圾的堆肥，市民亲自参加创造出了美丽的景观。这种方法利用了居

照片 3-36　农作物的适用（右侧：种基盘苗）

照片 3-37　种基盘在市民参与绿色地域建设中的应用（诹访广域联合会协助）

民自身产生的垃圾和自然界产生的垃圾，居民能够通过自身建设地域环境，是一种非常值得期待的方法（照片 3-37）。

8　种基盘绿化技术的应用前景

通过目前在各地开展的多种施工实验可以看出，种基盘绿化技术在以下的区域生态环境修复改进方面，具有很好的效果。

（1）需进行生态环境修复恢复的荒废地区

①荒漠山地、荒山秃岭、崩塌地、亚高山带荒地、高山地、高寒冷地、热带林采伐地（荒废生态环境的快速恢复）；

② 沙漠干旱地（生态环境的恢复，农业生产环境的恢复）；

③ 矿山采石场（生态环境的恢复）；

④ 道路开发的裸露地（生态环境的恢复、景观保护）；

⑤ 农业生产：园艺、蔬菜栽培、家庭菜园、药草栽培；

⑥ 造园绿化：庭院绿化（园艺）、（草花、花木、蔬菜、山野草）；

⑦ 都市绿化（都市的生态环境恢复）。

（2）需要进行生产环境、栽培环境修复改善的地区

① 荒废农地的农业生产；

② 衰退草原的农业生产；

③ 林下耕作（林下栽培）；

④ 灌溉农业地区的节水栽培；

⑤ 天然的更新、林种改造。

即使在采石场，也能创造出能够生存多种生物的丰富环境，同时也可以实现和周围优美景观的相协调。实现这一目的，不需大量的经费投入，但需要下些功夫，即如何依据植物生长的原理，发挥自然的恢复能力。下面介绍这一问题的基本思考和技术要点。

第4章 采石场绿化

在贫瘠的岩石地，培育森林的技术

I 采石场方面绿化的目的

石料与石油相同，是支撑社会基础框架的基础产业，地位非常重要。如果没有石料，交通网络将不能继续发展，经济活动及社会发展也将面临巨大的障碍。虽然大多数人并不了解它的这种重要性，但却普遍认为，被开凿的山体地表是破坏自然的一个象征。

采石场绿化的必要性，正是为了能使采石产业继续存活。首先，要让民众广泛了解采石产业的社会重要性，与此同时，履行企业对环境保护的社会责任也是必须的。

因此，我们就必须建造具有环境改善能力的绿色。使用藤本植物覆盖等类型的绿化，并不会起到环境改善的作用，而且开发后的痕迹会一直留下，形成不良的景观，企业的社会评价就会日渐降低。因此，“为了提高企业形象的绿化”十分重要。目前必须要做的是“改变企业形象的绿色再生”。

“改变企业形象的绿色再生”，其根本是建造具有环境改善能力的植物群落，同时，也可以营造出美丽的景观。并且最重要的是，企业人对绿化知识有了深入的认识和理解。随着这种认识的深入，理想的绿色、理想的环境、理想的企业形象，都能得到恢复。

采石场方面绿化的目的，可以归纳为以下六点：

① 恢复早期被破坏的自然生态系统

引入植物，恢复破坏地的生态系统，会提高土地的利用价值。

② 预防对采石场周围环境的影响

除了抑制从采石场产出的水（水量、水质）、沙石、污水等之外，还要防止对气候（风、气温、湿度的变化）、动植物的生存、植物的生育等产生的影响。

③ 维持保护地区整体的生态环境和自然生态系统

④ 为地球环境的维持保护做出贡献

⑤ 维持保护地区景观

⑥ 建造采石产业作为地区产业的发展基础

相信持有以上几种目的进行绿化，不仅会提升企业形象，采石产业作为地区产业也会长久持续下去。

Ⅱ 目标群落

进行绿化，有必要首先确立营建怎样的绿色（群落）才是最理想的。采石场的目标群落要满足以下条件：

① 拥有多种功能的木本植物群落；

② 创造出良好景观的植物群落；

③ 耐贫瘠干旱，具有长期持久性的植物群落。

要在陡峭的岩石斜面上长期生存，首先必须要求是防灾功能高的木本植物群落。为了抑制对周边环境造成影响，木本群落也是必需的。而且，为了创造出于自然和谐的美丽景观，也为了景观的长久可持续性，木本群落也是不可或缺的。满足了这样的条件，在采石场修复时，就能达到“由木本植物群落创造的美丽景观”的目的。

下面提出了作为“创造美丽景观的木本植物群落”之一的、“樱花与红叶为主要构成的植物群落”。春季是樱花、秋季是红叶的景观改变了地域环境。采石场则变成了亲近自然的、充满魅力的环境。也就是说，这个地域将转换为在富有魅力的美丽环境中诞生。最终，采石产业会以营造魅力环境的产业形象，得到更高的评价。

III 绿化困难的因素

采石场绿化的困难原因有以下三点：第一，采石场的斜面坡度大；第二，植物生育基础坚硬；第三，施工难度大。

也就是说，很难像在平地那样，建造出适合植物生长的生育基础。

采石场要创造出“改变企业形象的绿化”，就必须要克服以上三点困难。关于第一点坡度大的斜面，需要从坡面稳定性与植物可持续生长等方面，对坡面形状等进行研究。对于第二点岩石坡面，要从植物可持续性方面，研究生育基础的改善方法。第三点施工方法，则要从生育基础的持续稳定的角度，探讨不同的营建方法。

这些方面的具体方法，将在下节“Ⅳ．绿化的技术体系”后进行说明。

此外，在第四章，概要说明了修复改善采石场生态环境的绿化技术的最低要求。详细的技术请参照第二章“保护生态环境的绿化技术”。另外“生态环境修复改善的基本思路”请参照第一章；为营造拥有环境改善力的绿化的“促进根系发育技术”请参照第三章。

IV 绿化的技术体系

1 绿化施工顺序

绿化施工分以下四个阶段：

第一阶段：目标群落的设定与使用植物的选定

↓

第二阶段：绿化基础工程的选定与实施

↓

第三阶段：植被工程的选定与实施（植被引入工程）

↓

第四阶段：植被管理工程的实施。

第一阶段：首先研讨“建造怎样的植物群落才是理想的群落”。通常要根据：① 进行绿化的目的；② 气候条件；③ 土地条件等来确定目标群落是否合适。然后选择出适合营造目标群落的植物（引入植物）的种类数量。同时，也要研究植物的搭配是否合适。

第二阶段：营建出适合已选植物生长的立地条件。在采石场进行绿化时，这种生长环境的营建工程非常重要。生长环境的营建是否合适，是绿化能否成功的关键。

第三阶段：在已整备完善的生长环境中引入植物。植物的引入方法有播种工程、栽植工程和植物诱导工程三种，通常施工中，这三种方法结合使用。在采石场中，植被工程的工种组合使用是不可或缺的。

第四阶段：为了确保目标群落的成功形成，对引入的植物进行维护管理。采石场的立地条件异常严峻，引入植物的顺利生长非常困难，所以植被管理是不能忽略的。

2 采石场的绿化技术体系

采石场的绿化技术体系如图表 4-1 所示。

“绿化就是植树”，持有这样认识的人恐怕不是少数吧。但只靠植树无法形成优越的环境。植树是绿化的方法之一，但在植树无法使植物成活的情况下，应该怎么办呢？即使植树了，营造出来的却是无利于环境保护的绿色，这时又应如何呢？

在采石场，仅靠植树是无法孕育绿色的，无法恢复已被破坏的生态系统。但是，如果进行以绿化技术体系为基础的施工，就可以孕育绿地、使环境得到改善。这里介绍的技术体系，体现了以创造生态环境（生物的生存环境）为目的的绿化技术的全部流程及其关联性。

技术体系由以下三种基本支柱工程组成：

第一，适合植物生长的生育环境营建工程；

第二，多种方法的植物引入工程；

第三，将引入植物向目标群落发展的工程。

第一个工程叫做“绿化基础工程”，第二个工程为“植被工程”（植被引入工程），第三个工程为“植被管理工程”。

绿化基础工程是为了实现生育基础的稳定、不良生育基础的改善、严酷生长环境的缓和等而进行的工程方法。植物引入方法（植被工程）有播种工程、栽植工程、植被诱导工程等。选定适合现场立地条件与使用植物等的植物引入方法，组合使用进行施工。植被管理工程则是将引入植物向目标群落发展、维持植物群落的功能，以及防止外界干扰的工程。

以这种技术体系为基础施工，可以把握施工的全部流程，能够判断把对象地的哪个部位作为重点进行设计、施工比较理想，保障平衡的设计、施工。另外，由于工程方法的合理组合运用，省去了无用功。并且这种技术体系的理念也为山地造林、治山绿化，防沙绿化、城市绿化、道路绿化、公园绿化、屋顶绿化、造园绿化、工场绿化、沙漠等干燥地绿化等的施工提供了基础。

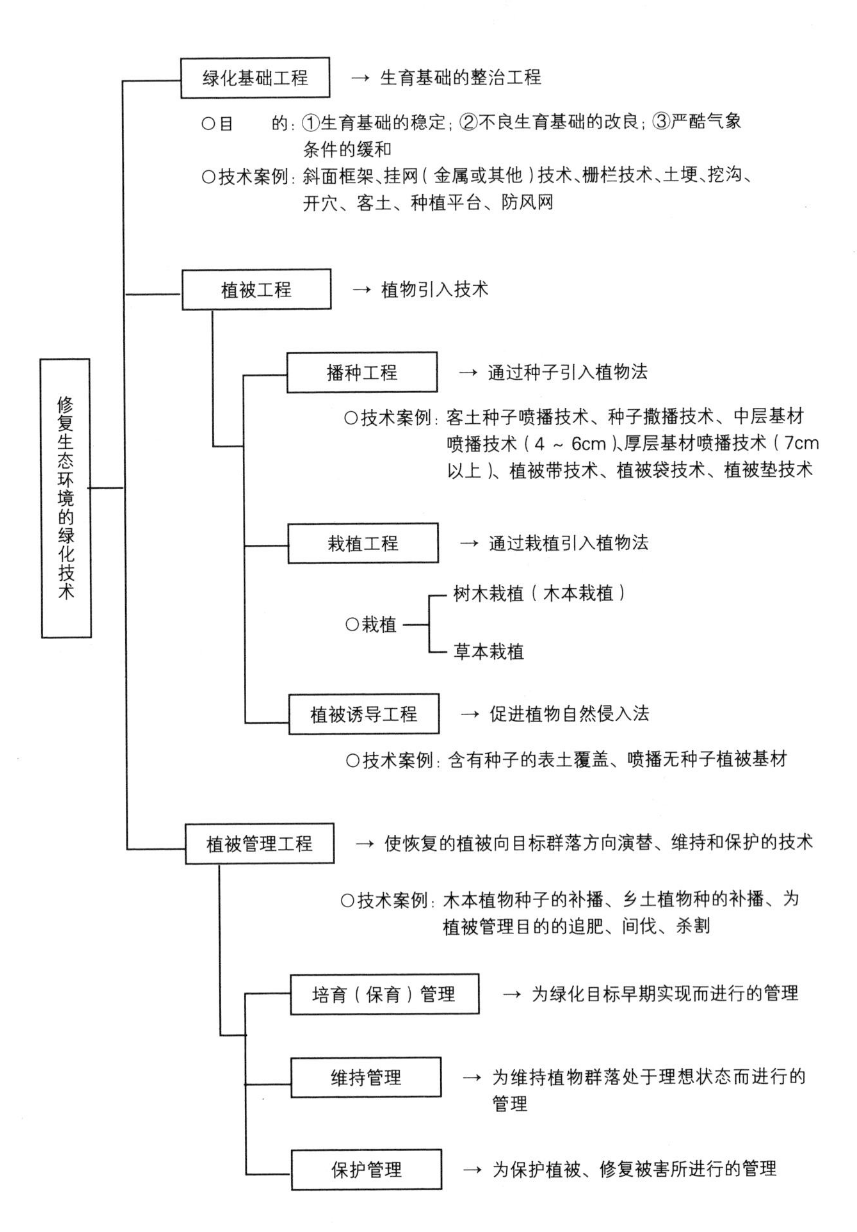

图表 4-1　绿化的技术体系

V 选择工法的思路

选择适合采石场的绿化工法的基本流程如下所示：

①首先，要探讨斜坡自身是否处于长期稳定的状态。如果不稳定，那么为了确保斜坡的稳定，有必要进行大规模的土木工程（斜坡稳定对策）。

②如果斜坡稳定，为了适用植被工程方法，要看斜坡能否进行植物的引入。如果适合，就可以适用植被工程方法，进行植物的引入。

③如果使用植被工程方法不能进行植物的引入，那么就要研究适合植物引入的生育基础的改善方法。如果改善后，斜坡的形状、地基的表面能够适合植物生长，就可以使用植被工程方法进行植物的引入。

④如果斜坡的形状、地基的表面改善后还不适合植物生长，那么就要研究营建新的生育基础。在这种情况下，就要采取对策以防止改造成的生育基础的滑落。

在以上流程中，需要在第③阶段生育基础的改善方法上下功夫。同时，还很重要的是考虑植物引入后的斜坡的研究。

VI 生育基础的造成

到目前为止，斜坡的形状基本取决于挖掘量和斜坡的稳定性。但是，对于好的生态环境的修复、再生来说，植物的生育性、景观保护、土地利用的有效性等，都有必要进行研究。特别是采石斜面的形状，对植物的生长有很大的影响。进而，植物的健康生长与好的生态环境的创造也有很紧密的关系。

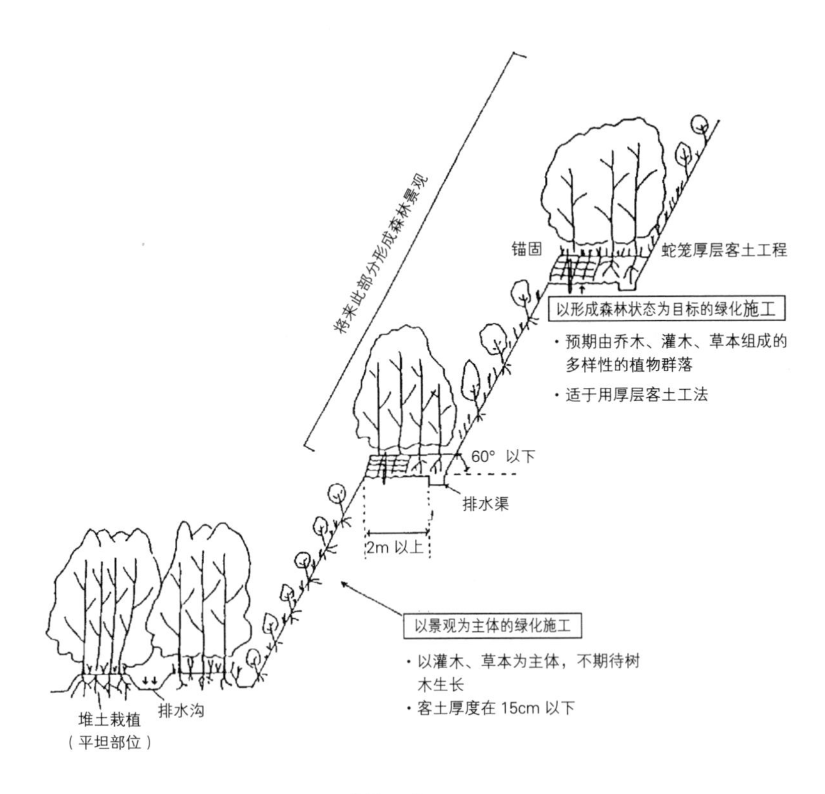

图表 4-2　在采石斜面上形成植物群落的示意图

在这里，我们分别来研究与采石斜面部分、台阶部分、平坦部分相关的适合植物生长的生育基础的营建方法。

生育基础的营建要和目标群落的形成相结合。对于斜坡部分来讲，从生育性和生育基础的稳定性来考虑，以树高较低的群落（灌木群落）为目标群落，而对于台阶部分来说，则以树高较高的群落（乔木群落）为目标群落（照片 4-1、图表 4-2）。

照片 4-1　在采石迹地上见到的标准形状

1　采石斜面部分生育基础的造成

（1）关于采石斜面的坡度

采石斜面部分的目标群落，从植物的生育性和生育基础的稳定性来讲，应该考虑树高较低的木本群落（灌木群落）。斜坡的倾斜度是决定引入植物能否永续生长的关键性因素。通常，斜坡坡度超过 60°，植物永续生长是很困难的。原因有：①植物的繁殖能力急剧下降；②周围其他植物的入侵、存活数量显著减少；③随着植物的衰退，根系的固土能力低下，表层土容易脱落。

除此之外，采石斜面的坡度如果变陡的话，还会带来其他问题。如坡度越陡，适合植物生长的生育基础的营建工程就越大，而且施工效率也非常低。必然的，坡度越陡，越需要花费高额的费用。

从这些情况可以得出，很有必要将采石斜面的坡度限制在 60° 以下作为引入植物的前提条件。如果坡度在 60° 以上，我们应该认识到，即使能够引入植物，也最终难免以一时的繁盛而告终。

一般情况下，斜坡的坡度越缓，对植物的生长发育越有利，对于植物的侵入、定植来讲越容易，早期土壤等的立地条件稳定，对植物生长发育有帮助。同时，也容易施工，还不需要太多的施工费用。虽然这样说，也没必要平整成平坦的土地。如果整的太平坦，反而不利于植物的生长。这是因为容易产生积水抑制根的生长。同时容易带来早期衰退、寿命缩短等问题。

基于以上前提，包括采石斜面的坡度能够放缓的情况，建议斜坡坡度在35°～60°的范围内为宜。另外，35°也是挖掘时土砂的自然倾斜角。如果能形成自然倾斜角，恢复植生就很容易，同时也能保证将来斜坡的稳定性。

另外，著者在1982年就向环境厅和通商产业省的采石迹地的绿化指南，提出过“采石斜面的坡度要在60°以下”的建议。但是，指南中的60°，指的是从斜坡的顶部到斜坡的底部的平均坡度。这样，实际上形成的坡面的坡度有一多半都在60°以上。因此，有必要对指南进行修订。

（2）关于采石斜面的生育基础

这里，我们对灌木群落能够生存的采石斜面上生育基础的营建方法做下简述：①挖掘时，在岩石表面形成10cm的破碎层，在其上做成5cm厚的土层；②在岩石上开直径10cm的穴，在其上覆盖厚5cm的耐侵蚀性的土层；③在岩石层上做成能满足植物生长发育厚度的土层。

①挖掘时，在岩石表面形成10cm的破碎层，在其上做成5cm厚的土层。

能在岩石层表面形成破碎状态的挖掘机已经开发出来了。用这个挖掘机进行挖掘，利用植被基材喷播法，已经可以非常简单地进行植物的引入。也就是说，最初就从植物的生长发育、引入进行考虑的话，植物的引入将会变得很容易（照片4-2、图表4-3）。

照片4-2　能把岩石挖掘成台阶状的机械

②在岩石上开直径10cm的穴，在其上覆盖厚5cm的耐侵蚀性的土层。

适用于含裂缝较多的岩石。用履带式钻机在岩石斜面上开直径约 10cm 左右的穴，栽入植物，用植被基材喷播机在裸地做成耐侵蚀性的土层。引入植物的根系在耐侵蚀性土层的下部伸展，并侵入周围其他的裂缝。根系侵入裂缝后，基本上不会枯死。也就是说，这个方法是把岩石的裂缝作为植物生长发育基础的一个积极活用的方法。这是遵循岩石上植物生长发育的自然法则进行的植生恢复方法。（照片 4-3）

③在岩石层上做成能满足植物生长发育厚度的土层。

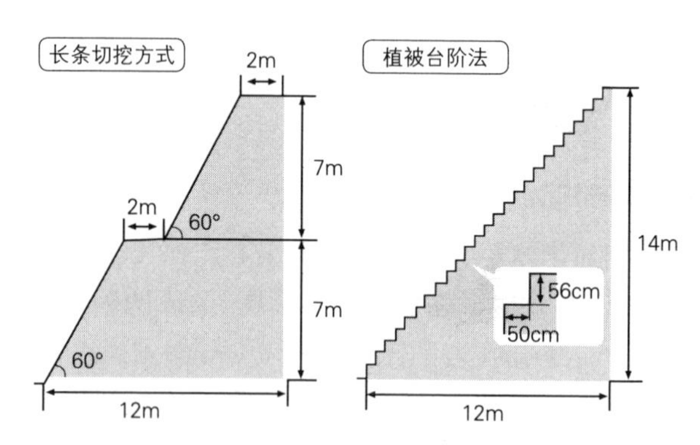

图表 4-3　长条切挖方式向植被台阶法的转变

照片 4-3　为了形成植被基地，用履带式钻机进行钻孔

植物生长发育需要的土层厚度，根据岩石的风化状态、裂缝的多少、岩石质地、纹理、降雨量等的不同而不同。从目前为止的大部分的施工实例、实验研究的结果等来看，10cm 以上是必要的。而要在岩石上形成 10cm 以上厚的土层，那么，防止土层滑脱的对策是不可欠缺的。通常是金属网和框架护坡工程等并用。如果在挖掘时，能下功夫在岩石表面形成 20cm 深度的凹凸的话，就可以削减金属网的并用（照片 4-4、照片 4-5）。

照片 4-4　在维持斜面稳定的情况下，尽可能造出凹凸很多的斜面

照片 4-5　植物侵入凹处并进行定植

2 台阶部分生育基础的造成

① 在台阶部分，确保斜坡的稳定、景观的保护、土地的有效利用等是很重要的。对于植物群落的发育来说，台阶宽度越宽越好，最低也需要有 2m。通常，宽度在 2m 以上的话，能够保证生育基础的稳定性。也就是说，要想形成植物群落，形成森林景观，台阶宽度要在 2m 以上。

② 对于台阶部分的设置，有必要采取对策使雨水不聚集。在台阶部分的靠山一侧设置排水沟，或在谷底部分稍微倾斜一下，就能很好地促进根部的生长。

③ 在台阶部分，要施以客土，使乔木性群落可以形成。设定一下树高长到 5 ～ 7m 左右，那么客土的厚度需要 30 ～ 50cm。如果客土太厚，树高过高，反而形成了不稳定的群落。

在台阶部分和平坦部分使用客土的场合下，最好把当地的表层土（有可能含有种子）保存起来使用。当地的表层土中富含有机物，还富含微生物、种子、根系等的繁殖基材，很容易使植物引入，也有利于植物群落多样性的形成。特别是对采石迹地来说，自然恢复力很小，把自然恢复力很高的种子潜在表土活用，是很有希望的。如果种子潜在表土不好得到的话，可以把当地表土和肥沃土、树皮堆肥等混合使用。

使用客土时，为了防止客土的流失，要采取一些对策措施。把客土沿山谷一侧堆薄些，沿山体一侧堆厚些，形成 30° 左右的坡度，在客土表面栽植草本植物。如果客土厚度相同的情况下，可以在台阶部分的前边采用装满土砂的布袋，也是使草本植物容易生长的方法之一。（图表 4-4）

④ 台阶与台阶之间的高度取决于岩石的种类、地质构造，斜坡的稳定性、采掘量等，实际中，台阶间的高度以 10 ～ 15m 为多。从景观恢复来讲，台阶间的高度越低越好，如果考虑台阶间引入树木的高度生长来讲，则需要进行一下探讨。客土厚度在 50cm 时，树高可达 5 ～ 7m，如果考虑到这个数值的话，那么，台阶间的高度在 7m 以

下为好。也就是说，台阶间的高度在 7m 以下时，斜坡整体看起来更接近于森林景观。

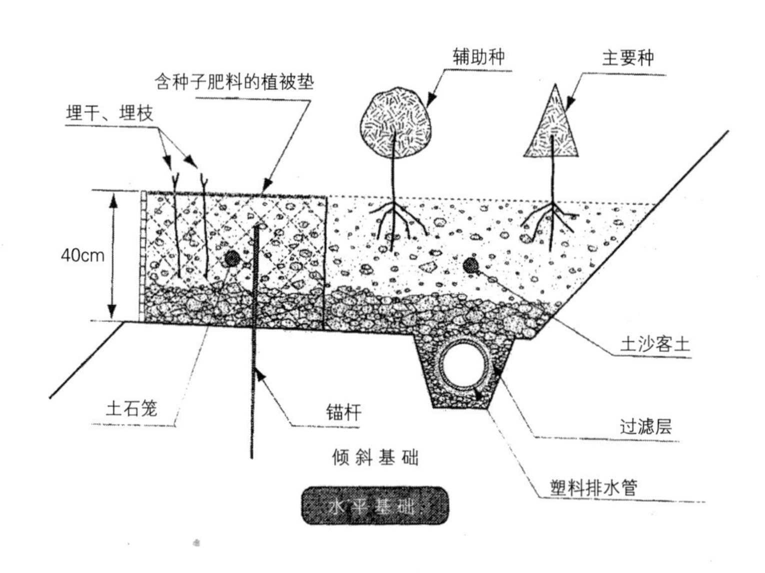

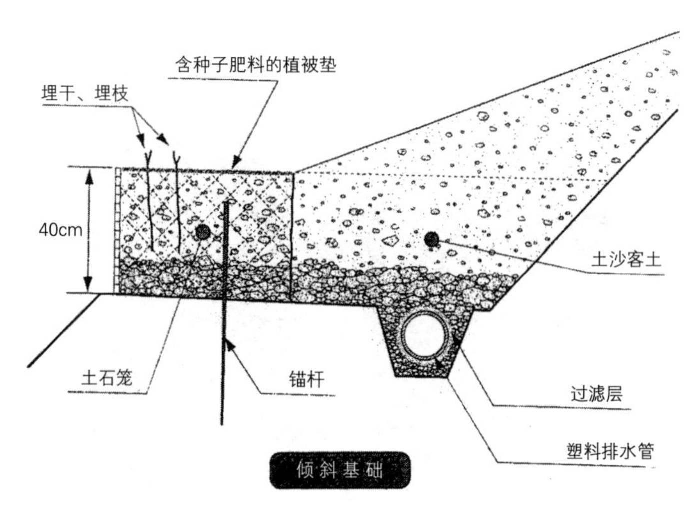

图表 4-4　台阶部分生育基础的造成

3 平坦部分生育基础的造成

① 对于斜坡的最下方一段或小台阶等处的平坦部分，生育基础的营建关键是排水对策。如果排水对策不完备，即使有很厚的客土，树木也不能很健康地生长发育。平坦部分的面积越大，越不能轻视排水对策。例如，为了防止客土层过湿，在靠近山体一侧要挖掘排水沟。同时，在比较广大的平坦部分，在山谷一侧，也要挖好几条排水沟。在平坦部分，也需要形成一个很小的坡度。

② 为了防止生育基础的积水现象，在采取排水对策后，再进行客土。客土的厚度取决于地盘的破碎状况。地盘破碎深度在 50cm 以上时，客土厚度需 30cm，地盘破碎深度在 30cm 以下时，客土厚度需 50cm 以上。

③ 客土所用的土壤以当地的表层土（种子潜在表土）最为合适。在挖掘前，把当地表层土采集保存起来。在表土中，含有很多微生物和养分，而且土壤性质也适合于乡土植物的生长发育，所以生态系统会很快恢复，特别有利于形成植物群落的多样性。这最适于自然度很高的地区的绿化（照片 4-6、照片 4-7）。

照片 4-6　种子潜在表土的活用

照片 4-7　最适合乡土植物的“种子潜在表土播种 + 带种枝条播种”

④ 在已经破碎过的地基上采用种子潜在表土进行客土时，如果种子潜在表土很少，可以考虑用种子潜在表土和其他土壤混合，或者在其他客土上面再覆盖 3 ～ 5cm 的表土层等方法。不管用哪种方法，种子潜在表土的活用对多样性群落的形成都很有效，因此，应该积极利用。

⑤ 如果种子潜在表土无法得到，则尽可能利用肥沃的土壤、有机质含量高的土壤。即使含有石砾，也不影响植物的生长。而且，含有石砾的情况下，大多对保持土壤的通气性、排水性是有利的。

⑥ 进行客土后，地表的形状，不要求平坦，而是应该形成宽度较宽的高垄形状。从山体向山谷方向挖 50cm 深的排水沟。进而，主要树种栽植在垄上，补充树种和草本植物栽植在垄的上部和排水沟中。

VII 选择植物种类

1 选择植物的前提条件

① 通常植物种类的选择要和当地的环境保护标准相结合（图表2-3）。采石迹地一般符合标准的 III 或 IV 类，因此，以环境保护标准 III 或 IV 类为前提，选择植物。

② 对环境保护标准和使用的植物来讲，最基本的考虑应遵循环境厅的在自然公园的坡面绿化指南（参照如下）。

●保护标准 III：主要种和补充种要使用日本国内自然分布的植物种。如果下游没有特别保护的珍稀物种，必要时，补充种可以使用绿化用外来牧草。再者，国外进口的植物即使和日本国内自然分布的物种相同，也不能使用。

●保护标准 IV：主要种和补充种要使用日本国内自然分布的植物种。如果下游没有特别保护的珍稀物种，在需要快速绿化或形成造园景观的情况下，可以利用外来植物。再者，国外进口的植物即使和日本国内自然分布的物种相同，也不能使用。

③ 使用植物时，要选择适合形成目标群落的植物。一般选择：▽构成目标群落主要的树种（主要种）、▽ 2-3 种具有改善生长发育环境功能的植物（补充种）、▽ 3-4 种防止地表侵蚀的草本植物（地被植物、草本植物）。

④ 构成目标群落的主要种一般选择当地的乡土树种。补充种要选择先锋树种。因为先锋树种一般分布范围较广，因此，即使现在那个地区不怎么见到，也可以允许使用。在防止水土流失等比较紧迫的情况下的绿化、形成造园景观时的绿化等，如果下游没有特别保护的珍稀物种，选择地被植物（草本植物）时，可以允许使用外来草本植物。

2 选择植物时的注意点

在选择植物时，要重视以下几点：

①主要种和补充种要和日本国内自然分布的植物同种；

②国外进口的植物即使和日本国内自然分布的物种相同，也不能使用。

③下游如果有需要特殊保护的珍稀物种的话，外来草本物种不可以使用。

3 选择植物的具体案例

作为采石迹地的目标群落，最适合的是以樱花和枫树为主要树种的群落（以下称樱花枫树群落）（参照本章“I. 采石场方面绿化的目的”、“II. 目标群落”）。适合形成“樱花枫树群落”的树种，根据地区不同也会有所不同。在这里，以温带、寒温带、暖温带为例，列举一下对形成群落比较好的树种（照片4-8）。

（1）以“樱花+枫树+光叶榉”为主要树种的群落

著者认为，“樱花＋枫树＋光叶榉”群落，是最适合于采石迹地的群落。广泛适用于温带（落叶阔叶林带）。要选择防灾能力强、能形成优美景观的植物。

▽主要树种：樱花类（山樱、江户彼岸樱、大山樱）、枫树类（山枫、鸡爪槭、大枫）、光叶榉

▽补充树种：秋茱萸、马棘、日本桤木

▽草本植物：芒草、筮萩、百慕大草、匍匐红羊茅

（2）以“樱花+枫树+蒙古栎”为主要树种的群落

“樱花＋枫树＋蒙古栎”群落适用于寒温带，要选择防灾能力强、能形成优美景观的植物。

▽主要树种：樱花类（山樱、江户彼岸樱、大山樱、千岛樱）、枫树类（板屋枫、山枫、羽团扇枫）、蒙古栎（槲栎、麻栎、栩）

▽补充树种：秋茱萸、马棘、山榛木、白桦、柳树类、鹅耳枥、山萩

▽草本植物：芒草、燕麦、羊茅草、胡枝藤、匍匐红羊茅、剪股颖

（3）以“樱花+枫树+乌冈栎”为主要树种的群落

“樱花＋枫树＋乌冈栎”群落适用于暖温带（常绿阔叶林带）。

▽主要树种：樱花类（山樱、江户彼岸樱、大山樱）、枫树类（大枫、鸡爪槭、山枫）、栎类（乌冈栎、白栎、粗栎、栲小花）

▽补充树种：秋茱萸、杨梅、山栌、合欢、日本桤木、马棘、楸树、皂角、山萩

▽草本植物：芒草、筵萩、春茅、百慕大草、匍匐红羊茅、百喜草

照片 4-8　侵入岩面的樱花与枫树生长情况（施工后第 2 年）、根系生长情况（施工后 3 个月、1 年、3 年）

VIII 植被工程

植被工程是植物引入方法的总称。植物引入方法有 3 种类型，即通过播种培育植物的“播种法”、使用苗木培育植物的“栽植法”、通过促进自然演替培育植物的“植被诱导法”。选择和利用这些施工方法时，要注意以下几点：

①应重视引入植物的生长生理特性对恢复地立地条件的适宜性。

②为了确保植物引入的成功，需要对几种方法进行组合。采石场的立地条件特别恶劣，进行几种方法的组合更为重要。要避免苗木栽植或植被基材喷播等单一方法的使用（有关技术方法，参照第 2 章的植物引入方法）。

③植物引入方法的施工，要建立在土壤基磐改善的基础上进行。

在这里，我们针对采石斜面、平台和平坦部分的植物引入方法进行分别讨论。

1 采石斜面的植物引入

在采石斜面上恢复植物群落，理想的类型应是低矮灌木群落。因此，为了营建灌木群落，有必要对生育基础进行改良。在本章的“Ⅵ生育基础的造成”部分，讲述了 3 种方法：①采石时，在岩石表面形成一个约 10cm 深的破碎层，然后在上面覆土；②在岩石上开掘直径 10cm、深 30cm 的穴，并以此作为植物的生育基础，然后在其周围覆盖 5cm 左右的耐侵蚀土层；③岩石上覆盖能够保证植物生长的厚层土壤。

①采石时，在岩石表面做成约 10 ～ 20cm 深的凸凹破碎层，然后在上面营建生育基础

生育基础的营建，可以采用植被基材喷播法，喷播厚度为 5cm 左右。一般情况下不需要挂网。基材喷播时，使用的植物由主要种、补充种和草种混合而成。为了保证主要种的恢复成功，可以在较深的低洼处植入种基盘苗。另外，如果重复 2 ～ 3 次进行植被基材喷播，可

以说成功率非常高，这种情况下，喷播层厚度可设定为 2 ～ 3cm。

植被基材喷播时使用的肥料，最好使用不易溶于水的缓释肥料（例如 GreenMap Ⅱ，其养分组成为 N∶P∶K∶Mg=6∶38∶6∶18），这样不至于对植物发芽产生危害，肥效可以得到持续保障。

②在岩石上开掘直径 10cm、深 30cm 的穴，并以此作为植物的生育基础，然后在其周围覆盖 5cm 左右的耐侵蚀土层

在岩石上开挖的穴，主要是栽植作为主要树种的种基盘苗。耐侵蚀土层采用植被基材喷播的方式进行营建。如果土层不是长时期不受侵蚀，植物根系就不会穿入周围的孔隙，因而，使用耐侵蚀性强的侵蚀防止剂就显得十分重要。植被基材喷播时使用的植物，虽然也可以混合补充种和草种，但需注意的是，发芽和保存率会受到侵蚀防止剂种类和使用量的影响。

③岩石上覆盖能够保证植物生长的厚层土壤

对于一般的、切挖较为平滑的岩石坡面，植被基材喷播一般采用 10cm 左右的厚度。并且，这是在日本 1750mm 平均降雨量、混凝土实验斜面上实验得到的植物可以生长的最小厚度。这时，为了保护喷播层的稳定性，常同时实行挂网。使用的植物同样可以由主要种、补充种和草种混合而成。但如果混合喷播，草本植物生长速度较快，主要种由于受压而存活困难。因此，“种基盘苗 + 植被基材喷播法”可以作为保证主要种的存活的有效方法。将种基盘苗定植在较洼部分，在岩石斜面上，也能形成“樱花 + 红叶”的植物群落（参见照片 3-32、照片 4-8）。

2 台阶部分的植物引入

在适宜植物生长的平台部分，使用播种法和栽植法引入植物（适宜植物生长平台的营造方法，参见本章的“Ⅵ生育基础的造成”）。

（1）通过播种引入植物

补充种和草种通过播种方法引入，在客土施工即将结束时，通过植被基材喷播法，将所有种子播种在客土表面。将熟土、肥料、

侵蚀防止剂与补充种和草种混合同时喷播。植被基材的喷播厚度为1～2cm。如果草本植物的发芽成活株数过多，补充种的生长受压，因此，要将草本植物的成活株数控制在1000株/m^2以下。否则，补充种几乎全部被压，很难成活。

同样，植生基材喷播时使用的肥料，最好使用不易溶于水的缓释肥料（例如Greenmap Ⅱ，其组成为N∶P∶K∶Mg=6∶38∶6∶18），这样不至于对植物发芽产生危害，肥效可以得到持续保障。

（2）通过栽植引入植物

主要种通过栽植的方法进行引入。使用的苗木，以主根发育的种基盘苗为最适宜。在进行苗木栽植时，苗木高度要小于50cm，因为苗木过大，将来会形成功能低下的树木，所以一定要避免使用。另外，如使用营养钵苗，由于其根系生长受阻，根系畸形，容易形成寿命短、衰弱的林分。因此，营养钵苗不适宜健康群落的营建。

种基盘苗的栽植密度为2m×2m。基本空间配置模式为“光叶榉、樱花、红叶”，实行三角栽植。栽植时，在栽植穴中施入长效肥料。如施入日本Sungreen（株式会社）制造的LL号颗粒状肥料（N∶P∶K∶Mg=6∶38∶6∶18）3～4粒，肥效可持续多年，提高了生态系统的恢复速度。

种基盘苗的定植，可以在植被基材喷播的施工前，也可以在施工后。但是考虑到植生基材喷播的施工效率，通常在施工后定植。只要在草本植物株高不超过10cm的期间进行，种基盘苗和草本植物的竞争就会很顺利。但即使草本植物株高超过了20cm，由于种基盘苗的前期生长速度较快，也几乎不会产生被压现象。相反，由于与草本植物的竞争作用，还会表现出促进生长或者避免动物食害等有利作用。

一般苗木的栽植季节都是5月最为合适，对于种基盘苗来说，虽然一年中都可以施工，但以早春到梅雨季节这段时间最为适宜。当然，秋季施工也较适宜。

最后，当植物的引入施工结束以后，还有一个必须面对的大问题。这就是栽植的幼树会遭到鹿、兔等动物的食害。特别是秋季和早春栽植的幼树，食害会经常发生。这就需要设计食害防治对策，如设置食害防止栅栏。

3 平坦部的植物引入

平坦部通常要设置排水沟，通过客土营造生育基础，然后在其上面引入植物。生育基础的营造方法，已在本章的“Ⅵ生育基础的造成”部分进行了说明。植物的引入方法，可以将播种法与栽植法并用。

植被工程的施工方法，与前面所述的平台部分的施工几乎相同。补充种和草种通过播种法引入，主要种通过栽植法引入。栽植法的施工顺序无关紧要，重要的是施工时，栽植法与播种法的组合使用。这种组合施工，可以使目标植物群落的恢复速度更快、成功率更高。

另外，平坦部使用的目标群落植物种与平台部的使用植物稍有差异。与平台相比，平坦部的防灾要求较低，因而就可以在营建身边美景或恢复生物多样性等方面多下功夫。例如光叶榉可以更换为朴树、麻栎、玉兰等。

（1）通过栽植引入主要树种

通过客土，形成台状地形，然后在其上面进行主要树种的引入。为了保证引入的成功，采用栽植法。过去栽植的苗木或营养钵苗，由于根系发育不良，易形成功能低下的群落，所以在这里推荐主根发达的种基盘苗。种基盘苗的栽植要领参照平台部的栽植方法。

如果采用过去的传统方法进行苗木栽植，要注意以下几点：①使用主根没有切断的苗木；②要尽量使用小苗；③苗高 50cm 以上的苗木不要使用；④不要使用营养钵苗。

苗木的栽植密度，可以比平台部稍稀疏些，采用 2m×3m。基本空间配置模式为“樱花、红叶、朴树等”。

（2）通过播种法引入草本植物和补充植物种

在平坦部的全部，引入草本植物和补充植物种。通常采用植被基材喷播法，也可以采用人工撒播等其他方法。

①植被基材喷播法的施工：要领同平台部。

②人工撒播：将种子、土、肥料混合均匀后人工撒播，这样可以保证播种的均匀性。并且，播种后使用耙子等在地面搂出梗，可以防止种子的流失，有助于发芽和成活。如果有表土流失的现象，可以用绿化苫等进行覆盖。

③含有种子的表土覆盖法（植被诱导法）：在采石前，先将表土收集起来，然后使用这些表土覆盖 3 ～ 10cm，再用秸秆苫等覆盖，可以促进乡土植物种的生长。这种方法属于植被诱导法的一种，非常适用于恢复生物多样性。在喷播了草本植物和补充植物的基础上，再进行生态表土覆盖，则更加有效且实用。

④携带种子枝条铺设法：将携带有种子的枝条收割，铺设在裸露地表，上面再用金属网进行固定，以恢复植被。枝条可以起到防止侵蚀和地表干旱的作用，因此，对植物的发芽、成活有利。在喷播了草本植物和补充植物的基础上，再进行携带种子枝条的铺设，则更具其实用性。

4 简易的植物引入方法

这里再介绍一种简易植物引入方法，在采石斜面、平台和平坦地都适宜。这就是种基盘苗和植被基材喷播法的组合施工，即“种基盘苗 + 植被基材喷播草种”。这种方法不需要大量的费用，通过植物的竞争保护作用，基本上可形成目标群落。下面介绍该方法的基本思路和施工方法（图表 4-5）。

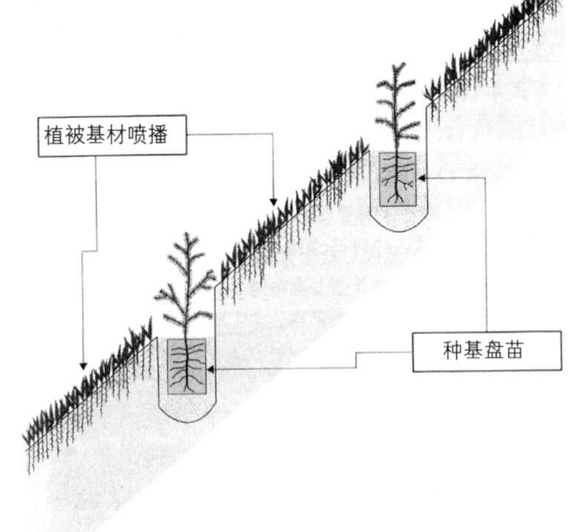

图表 4-5 “种基盘苗 + 植被基材喷播法”草本植物播种法

（1）基本思路

公共事业的绿化施工，常受到施工工期的限制。通常，施工要在当年完成，在施工过程中有各种检查，每次检查都要合格。为此，就需要确保一次施工成功，一次检查合格。因此，通过一次施工完成所有的设计内容，使植物成活、生长，就变成了前提。并且设计内容也变成了年内任何时间都可以施工，如要耐降雨侵蚀和冬季侵蚀，或者干旱期的幼苗也不枯死等等。另外，虽然我们营造了植物发芽、成活的较为理想的生育基础，但与自然界植物的发芽、成活的状态还有一些差异。也就是说，我们是在强制性地引入植物。

对于采石场的情况下，我们需要丢弃“一次施工使植物完全成活”这种想法。我们需要提倡的是“通过3～4年实现植物的引入”。

采石场的自然恢复能力非常低，并且施工也很困难。如果强调一次施工使植物成活，则需大量的费用。有时即使投入了大量费用，在现有的立地条件下，想要形成与自然相协调、具有较高功能的群落，也是十分困难的。在这里，我们提议：像自然界一样，花费一些时间实现植被恢复（照片4-9、照片4-10）。

照片4-9　通过数次施工能较容易恢复的衰退植物群落（施工前）

照片 4-10　通过反复几次，简易工法的施工，恢复的植物群落（施工后）

在自然界，植物从入侵到定居需要一个很长时间。植物通过多年的发芽 - 枯死 - 发芽 - 枯死这样一个不断反复，终于可以定居下来了。这时，我们要注意，从植物的发芽、生长的角度去看，自然界中形成的生育基础，与客土或植被基材喷播所形成的生育基础是完全不同的。即使使用肥沃的耕作土壤进行客土，与自然界所形成的土壤性质上有着显著差异。例如在土壤水的移动、水的渗透流出速度、保水性等方面有显著差异。也就是说，土壤结构大不相同。我们将水撒到土壤表面上，就可以直观看到这种差异。从人工营造的生育基础中流出的是泥水，而从自然形成的土壤中流出的是清水。在这两种土壤结构有显著差异的基础上播种，植物的生长会完全不同。很明显，自然形成土壤上的植物发芽和生长良好，枯死率低，成活率高。

由此可知，在采石场这样的自然恢复能力很低的场所进行植被恢复时，学习自然界植物的发芽、定居等自然恢复过程是十分重要的。在恢复植被时要稍微花费一些时间，不能急迫地强制进行，要尊重自然的时间过程。这对于形成比较近似自然的植物群落是有利的（图表 4-6）。

（2）目标群落和植物选择

目标群落和植物选择可以参照“VII-3 选择植物的具体案例”部分的内容。恢复目标设定为以下 3 种。

①以“樱花 + 槭树 + 榉树”为主要树种群落；

②以“樱花＋槭树＋叶栎树”为主要树种群落；

③以“樱花＋槭树＋乌岗栎”为主要树种群落。

另外，采石斜面的目标群落的树高应为 2 ～ 3m。

（3）生育基础营建时的注意事项

①岩石斜面

对于岩石斜面，在保证斜面稳定性的前提下，在采掘时要尽可能地形成凸凹不同的形状，这是十分重要的。凸凹越多，植物的成活、生长就越顺利。也就是说，植物的生育基础是靠凸凹形状来保障的。因此，一般情况下不需再进行挂网。采掘时，留下像一块岩石一样的光滑斜面，虽然对于斜面的稳定是较为理想的，但却不利于植物的生长。因此，采掘时就要注意这一点。打孔或修建台阶是其中一个方法。特别要注意的是不要产生浮石，或破坏斜面的稳定性（参见照片 4-4、照片 4-5）。

②平坦地和平台

一般情况下，在平坦地和平台采用客土的办法就可以营建生育基础，但这时要注意排水。可以通过增加倾斜度或设置排水沟等，避免生育基础的浸水（参照“Ⅵ生育基础的造成”）。

图表 4-6　采石场的简易植物引入方法

立地部位	目标群落	主要构成种	绿化的要点
斜面	以低灌木为主要组成	赤松、樱花类、光叶榉、乌冈栎、鹅耳枥、日本桤木、秋茱萸、桤叶树、燕麦、芒草	○凸凹斜面的营造 ○连续小台阶的营造 ○种基盘苗的使用 ○植被基材喷播的重复多次施工（补充种和草种的喷播，喷播厚度2~3cm）
台阶	以中高乔木种为主要组成（林下为草本植物）	樱花类、枫树类、光叶榉	○客土（30~50cm厚）（同时施工排水工程和侵蚀防治工程） ○种基盘苗的使用 ○植被基材喷播的施工（草种的喷播，喷播厚度1~2cm）
平坦部	以高大乔木种为主要组成（林下为草本植物）	樱花类、枫树类、光叶榉、栎类	○排水沟的设置 ○松土（可使用推土机的挂钩） ○种基盘苗的使用 ○植被基材喷播的重复多次施工（草种的喷播，喷播厚度1~2cm）

（4）种基盘苗的栽植

1）斜面的栽植

作为构成目标群落的主要组成种，可以通过种基盘苗引入。种基盘苗的栽植密度：斜面 1500 ～ 2000 株 /hm^2，平坦地和平台 1700 株 /hm^2。在斜面上栽植时，重要的是不要形成固定的栽植间距。要选择植物容易生长的部位进行栽植，使栽植后的苗木呈随机分布状，也非常接近于自然景观。也就是说，该方法的关键是寻找植物容易生长的地方，并在那里栽植。另外，由于营养钵苗将来会形成不稳定群落的危险性非常高，最好不要使用（图表 4-7）。

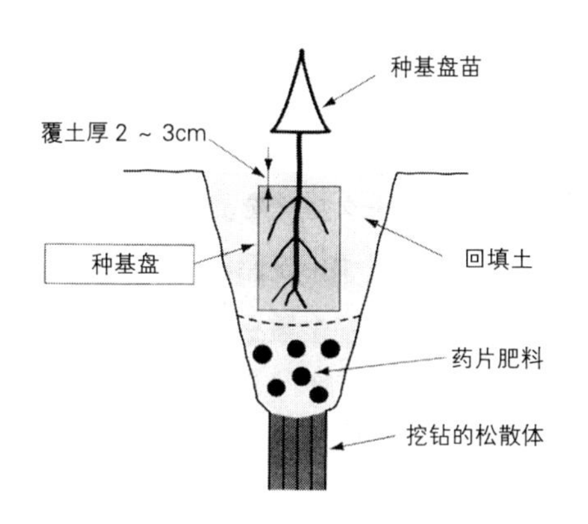

图表 4-7　种基盘苗的栽植

在斜面上栽植种基盘苗时，要选择深凹处、深沟或沟状地形处、裂缝较密处等土和水容易汇集的地方。在栽植前，先对岩石用冲击钻破碎至种基盘埋深处，能够扩大种基盘苗根系的生长范围，保障苗木的持续生长。

栽植可在早春植物活动开始前进行。一般情况下，可以先栽植子叶还未露出的种基盘苗，然后进行基材喷播。也可以先进行植被基材喷播，然后于 6 月份在草本植物已着生的地方栽植种基盘苗。重要的是施工要保证在 7 月前完成。

2）台阶部和平坦部的栽植

如果使用种基盘苗在台阶部和平坦部进行栽植，一年四季都可以。但一般是在 4 ～ 6 月份，这个时期成活率最高。虽然秋季施工也可以得到较高成活率，但会遭到鹿、野兔等动物食害，所以要尽量避免此时期的施工。

和种基盘的栽植组合使用的植被基材喷播，可在栽植前，也可在栽植后进行施工。

（5）植被基材喷播（草本植物的播种）

植被基材喷播的厚度为 2 ～ 3cm。使用基材中要加入强度稍大些的侵蚀防止剂，植物只使用补充种和草种，不用主要构成种。土壤由黏土、现场的表层土（种子潜在表土）和树皮堆肥构成。喷播机器选用泵式喷播机。对于斜面、台阶部和平坦部的不同部位，草本植物和补充种的喷播依照以下方法进行。

1）斜面部的施工

基材喷播一般在早春，等栽植了还未露出子叶的种基盘苗后进行。6 月下旬，可根据植物的生长状态，以发芽、生长不良的地方为重点，再喷播一次种肥土。但要保证在 6 月份完成，且 6 月下旬实施喷播时，要注意对已栽植的种基盘苗的保护。

照片 4-11　位于岩面凹部的种基盘苗的栽植

如果当年没有种基盘苗，可以在早春先实施基材喷播，6 月份根据植物生长状况再进行一次补充喷播后，于第二年的 3 ～ 6 月，在草本植物着生的地方进行种基盘苗的栽植。另外，依据植物的生长状况，在第二年也需进行一次补充喷播，这一点非常重要。通过喷播的多次重复，可以保证植物的快速恢复和保存。随着着生草本植物的枯死，土壤的物理、化学性质也在改变，有利于植物侵入、存活的土壤环境也在逐渐形成。这就是从自然界植被恢复过程中学习到的绿化技术。（照片 4-11）。

2）台阶部和平坦部的施工

对于台阶部和平坦部来说，基本上可以通过一次基材喷播（喷播厚度 2 ～ 3cm）实现草本植物的恢复。如需补充喷播，喷播厚度为 1 ～ 2cm。一般情况下，以 3 ～ 6 月份施工为宜。另外，在台阶部和平坦部，不使用喷播机械，通过手工撒播，也可以实现草本植物的恢复。这时，可将过了筛的土壤和种子、肥料、侵蚀防止剂混合，按 1cm 左右的厚度进行撒播。

种基盘苗的栽植可以在早春至 6 月之间进行，草本植物的播种，可在种基盘苗栽植之后。如果种基盘苗供应不上，也可以在 4 ～ 6 月份先进行草本植物的播种，待草高达 10cm 左右时，再栽植种基盘苗。

以上就是通过“种基盘苗 + 草本植物的播种”方法，很简易地形成了设定的目标群落。这个方法，不但遵照了自然界群落的形成过程，而且成功率较高，有效地利用了剩余劳动力和现地基材（照片 4-12、4-13，图表 4-8）。

如果是在干旱期或易干旱的沙地和石渣堆，栽植种基盘苗时可在种基盘苗的下部及周围涂上泥土，以防止种基盘和周围土壤的水分移动，有利于提高苗木的成活率（照片 4-13）。

照片 4-12　台阶处种基盘苗的生长（3 个月后）

照片 4-13　石渣堆处生长良好的榉树种基盘苗

图表 4-8 "种基盘苗＋草本植物的播种"方法所需材料（$100m^2$）

名称	数量	备注
樱花	5株	使用种基盘苗
光叶榉	5株	同上
乌冈栎	5株	同上
赤松	5株	同上（只在斜面上使用）
枫树	5株	同上（主要在台阶部和平坦部使用）
秋茱萸	400g	使用植生基材喷播法
燕麦	100g	同上
芒草	1000g	同上
百慕大草	200g	同上
土壤	163*l*	壤质土（有机质含量40%～50%）
肥料	10kg	缓效肥（N：P：K：Mg=6：36：6：16）
侵蚀防止剂	55*l*	特殊沥青乳液
团粒促进剂	0.4*l*	负电荷线状有机高分子
水		清水

（1）本方法，可适用于斜面、台阶和平坦地等部位。但是，斜面的植生基材喷播要连续进行2～4年，每年1～2次。

（2）植生基材喷播的喷播厚度为2cm。

（3）主栽树种用种基盘苗，伴生种和地被草本植物采用植生基材喷播施工引入。

IX 植被管理工程

植被管理工程是一种为了使目标群落成功形成、以育成管理引入植物为主的方法。由于所选地区严峻的条件以及难以顺利培育引入植物等原因，采石场对于植被的管理是不能省略的。

1 主要的植被管理作业

下面举出采石场中特别必要的管理，管理目的另外再列举。作业内容分以下三部分。主要的作业内容如下：

①育成引入植物的管理（育成管理、保育管理）

补播、补植、追肥、除草、割灌、间伐、动物食害和病虫害防治对策

②维持植物群落机能的管理（维持管理）

间伐、入侵植物的清除、倒伏木的清理、修枝、修剪、补植、追肥、维持生育基础的稳定、排水工程

③植物群落保护的管理（保护管理）

动物食害防治、病虫害防治、防风对策

2 植被管理的注意事项

（1）有害入侵植物的清除

葛藤和刺果瓜等植物的入侵，会导致树木的枯死或演替的倒退，应尽早清除。并且若尽早形成健康的森林，这些藤蔓植物就基本无法入侵。即使已经被入侵，若尽早将其清除、培育健康的森林（植物群落），入侵植物也会衰退。总之，通过促进引入树木的生长，使单木状态迅速演变成森林状态（植物群落），就能够有效清除有害的入侵植物。尽快地反复清除是很重要的。

（2）生长不良部分的修复

在陡峭的岩石斜面，有时会产生生长不良的部分。对于这样的部分，应用植被基材喷播法（喷播厚度 1 ～ 2cm）的实施来促进植物的恢复。无论生长了多少植物，直接在其之上进行喷播。也没有必要进行挂网等前处理。喷播的植物种子可以与原来使用的种类相同。

对于像陡峭岩石斜面那样的植物生长困难的地方，上述那样的补充施工有必要多次重复进行，也就是说要用长时间来慢慢使其恢复。应当遵循大自然的时间规律来进行恢复。过快的绿化需要花时间来融入自然界，非自然中的东西变成自然的东西也需要时间。人为喷播的土地变成自然的土壤组成同样需要花大量时间。如果人为喷播土地变成了自然的土壤组成，植物就将得以入侵固定。

我们正试着将强行施工的绿色同化入自然系统，上述的过程花费时间也是可以理解的。

3 应对植物群落衰退现象

暂时成立的绿色可能会发生衰退的现象。对应衰退现象需要先查明衰退的原因。目前为止的调查中，以山地条件（稳定性、pH 的变化、基岩毒性）、气候条件（大幅度变动、干旱期、极端气温、海风、台风）、使用树种（特性）、施工方法（排水不畅、大规格苗木、土层厚度）、病虫害等为起因的实例能看到很多。应当就这些因素研讨衰退与其之间的关系，并采取相应对策。避免衰退的对策实行后，要观察追肥后的群落回复状态。

4 应对动物食害

在采石场，鹿、兔等的啃食苗害现象有很多，必须采取彻底的规避对策。否则，不仅之前的绿化作业都会白费，自然被破坏的痕迹还会使社会信誉进一步丧失（照片 4-14）。

照片 4-14　采石场的防护栅栏（钢柱和带刺的铁丝网）

结　语

对于像采石场那样陡峭岩石斜面上的绿化，“桂林风景宜人的景观”给了我们一个很重要的启示（照片）。非常陡峭的岩石斜面上形成了多种多样的植物群落。这虽然是花费长时间被创造出的群落，但它似乎告诉我们，即使陡峭的斜面也不崩塌，也能形成持续生存发展的植物群落。

照片　“学习自然的本来面目”、“千古不易之姿”：寻求本真之姿

在这美丽的景观中，潜藏着能使植物群落稳定持续发展的**自然的法则**。这是很简单的法则。土层越厚，树就越高；倾斜度越大，树就越低。这是由于倾斜度越大土层就越薄的原因。也就是说，树的高度是受到倾斜度与土层厚度限制的。要营造可持续发展的植物群落，必须要理解这种“桂林的植物群落形成的法则”。它教育了我们，陡峭的斜面上使用厚的客土，会造成不稳定的植物群落，无法达到理想状态。

如今，绿化担负着修复改善已荒废的生态环境（生物生存的环境）的重要使命。我们除了要有深刻的环境意识，还需要全力解决环境的修复再生。特别是根据改善已荒废的环境来创造出有效的绿色是非常重要的。这会使绿色的质量、绿色的机能得到提升。

桂林的绿色，是适应于陡峭的岩石斜面的持续生存的绿色，是环境改善机能很高的绿色，保持着不变姿态的绿色。这样的绿色是由**发达的主根系**创造出的。没有主根的群落无法适应所选地区，机能低下，只是仿造品而已。

我们应该追求怎样的绿色呢？

并不是一时的绿色、生命短暂的绿色。而是在自然中艰苦生长的绿色、拥有持久的姿态的绿色。我们追求的不正是实在的、真正的绿色的姿态么？“桂林的千古不易之姿”告诉我们的正是真实之绿的重要。

引用文献、参考文献

1. 環境庁監修（1982）：自然公園における法面緑化基準の解説 p.195 / 道路緑化保全協会
2. 道路緑化保全協会（1986）：荒廃裸地に対する植生復元の技術指針 p.120 / 道路緑化保全協会
3. 森林開発公団（1986）：公団林道のり面保護工設計指針 p.50
4. 山寺喜成（1986）：播種工による早期樹林化方式の提案 日本緑化工学会誌 12(2)
5. 山寺喜成（1990）：急勾配斜面における緑化工技術の改善に関する実験的研究 p.347 / 全国特定法面保護協会
6. 農業土木事業協会編（1990）：のり面保護工 設計・施工の手引 p.306 / 農山漁村文化協会
7. 環境庁（1990）：自然公園における採石跡地の緑化復元対策指導指針 / 道路緑化保全協会
8. 山寺喜成（1992）：採石跡地における緑化の手法 砕石業務技術向上教育テキスト p.116 / 日本砕石協会
9. 山寺喜成ほか（1993）：自然環境を再生する緑の設計 p.169 / 農業土木事業協会
10. 山寺喜成（1994）：敷き詰めた石が植生を育む 科学朝日 (54) 3 pp.129 - 133
11. 福永健司・山寺喜成（1994）：山地斜面におけるスギ植栽木の根系分布に関する調査研究（Ⅱ）個体間における根系の水平分布特性 第 25 回日本緑化工学会研究発表要旨集 pp.90 - 93
12. 山寺喜成（1995）：播種工による早期樹林化の手法 小橋・村井編「法面緑化の最先端」pp.148 - 170 / ソフトサイエンス社
13. 長野県土木部（1995）：採石場における緑化の手法 p.39
14. 山寺喜成（1996）：自然再生のための緑化技術 森林と環境の創造 pp.291 - 324 / 銀河書房
15. 道路保全技術センター（1996）：のり面再緑化の事業手引 p.112
16. 山寺喜成（1996）：自然再生のための緑化技術 第 2 回樹林化技術講習会テキスト pp.29 - 53 / 斜面樹林化技術協会
17. 山寺喜成（2002）：播種用生育基盤に関する研究 (1) －保育ブロックの開発意図－日本緑化工学会誌 28 (1)
18. 山寺喜成、楊喜田（2002）：播種木と植栽木の引き抜き抵抗力の相違 日本緑化工学会誌28 (1) pp.143 - 145 / 日本緑化工学会

19. 山寺喜成（2003）：自然環境の再生と緑化手法 森林サイエンス pp.141 - 160 / 川辺書林
20. 山寺喜成（2003）：森林の機能と緑の質を考える　生命環境を守る緑 pp.1 - 9 / 土木学会誌叢書（丸善）
21. 山寺喜成（2003）：生態環境の修復・再生とそのための緑化技術 第 4 回「みちと自然」シンポジウム pp.62 - 86 / 道路環境研究所
22. 諏訪広域連合（2005）：緑の地域づくりの手法 p.16 / 諏訪広域連合
23. 山寺喜成（2005）：採石跡地の新しい緑化手法 首届北京生態建設国際論壇文集 pp.54 - 79 / 北京科学技術委員会・北京市門陶溝区科学技術委員会
24. 奈良県生活環境部（2005）：奈良県採石場緑化の手引き p.77
25. 環境省自然保護局（2006）：自然公園における法面緑化基準検討調査報告書 p.196
26. 山寺喜成（2007）：「採石跡地の緑化理念と手法」骨材資源 通巻 154 ～ 156 号 / 骨材資源工学会
27. 山寺喜成（2007）：環境保全機能の高い植物群落の修復・再生技術 第 7 回「みちと自然」シンポジウム pp.43 － 63 / 道路環境研究所
28. 山寺喜成（2007）：採石跡地における緑化理念と最新技術 第 34 回全国砕石技術大会料 pp.21 - 28 / 日本砕石協会
29. 山寺喜成（2008）：環境改善機能が高い緑の再生技術 道路と自然 139 号 / 道路緑化保全協会
30. 山寺喜成（2008）：地球環境時代の緑化技術 中国水土保持科学 6 巻 pp.25 - 32 / 中国水土保持学会
31. 山寺喜成（2008）：採石跡地における緑化のポイント 第 35 回全国砕石技術大会資料 / 日本砕石協会
32. 山寺喜成（2008）：新しい緑化の視点 国立公園 No.667 pp.17 - 19 / 国立公園協会
33. 山寺喜成（2009）：採石跡地における緑化の理念と最新の技術 石灰石 No.357 pp.35 － 45 / 石灰石鉱業協会
34. 山寺喜成（2009）：温暖化防止を意識した緑の造成技術 第 9 回「みちと自然」シンポジウム pp.37 － 56 / 道路環境研究所
35. 山寺喜成（2010）：環境改善機能を高める緑化技術－美しい道路景観の創出－第 10 回「みちと自然」シンポジウム pp.3-1 - 3-14/ 道路環境研究所

著者简介

山寺喜成（Yamadera Yoshinari）

农学博士（京都大学，1989）

曾任

河南农业大学客座教授（2002 ～ 2005）

浙江大学生命科学学院客座教授（2005 ～ 2008）

北京林业大学客座教授（2006 ～ 2010）

北京市对外科技交流协会外籍理事（2007 ～ 2010）

兰州工业大学外籍教授（2009 ～ 2012）

从事的专业

绿化工程学、自然恢复再生学、森林保全学、林学、治山砂防学

简历

1956 ～ 1959　大学毕业后在长野县辰野町从事农林业

1963 ～ 1965　长野县林务部治山课 技师

1974 ～ 2008　富山县立大学　兼职教师（绿化工程学）

1978 ～ 1993　东京农业大学　副教授（治山、绿化工程学）

1972 ～ 1998　东京农工大学　兼职教师（绿化工程学）

1988 ～ 1998　东京大学研究生院　兼职教师（砂防造林学、绿化工程学）

1992 ～ 1998　早稻田大学理工学部　客座研究员

1996 ～ 1997　日本绿化工学会　会长

2001　　　　　九州大学 兼职教师（森林环境工程学）

1994 ~ 2003　信州大学农学部　教授（林学、绿化工程学、森林功能学、砂防学）

2005 ~ 2008　信州大学农学部　特聘教授(绿化工程学、自然修复再生学)

2005 ~ 2007　电视教育大学　兼职教师（长野学习中心）

主要研究领域

- 自然环境的维持、保护、修复和再生的实证研究
- 陡坡斜面等荒废裸露地快速森林化的播种技术研究(日本、尼泊尔、中国)
- 沙漠等干旱地区植被再生的实证研究（非洲、中国、蒙古）

著书和社会活动

1）自然公园的斜面绿化标准的解说（环境厅，1982，编委会委员长）

2）荒废裸露地植被再生技术指南（公路绿化保护协会，1986，编委会委员长）

3）自然公园内采石场绿化修复对策指南（环境厅，1989，编委会委员长）

4）陡坡斜面绿化技术的实证研究（京都大学学位论文，1989）

5）再生自然环境的绿化设计（农业土木事业协会，1993，编委）

6）公路斜面再绿化事业手册（建设省，1996，编委会委员长）

7）尼泊尔道路建设中防灾绿化技术的实证研究（外务省，1998，编委会主任）

8）日本学术会议森林工程学研究联合委员（日本学术会议，1994 ~ 1997）

9）自然公园斜面绿化指南编委会（环境省，2005 ~ 2007，编委会委员长）

10）恢复自然环境的绿化工程概论（中国科学技术出版社，1997）

11）植被恢复技术指南（内蒙古大学出版社，1991）

获得奖励

1）日本林学会奖（日本林学会，1992）

2）日本绿化工学会奖（日本绿化工学会，2000）

3）环境保护功臣奖（环境大臣，2009）

（本书图片均由作者山寺喜成先生提供）

著作权合同登记图字：01-2012-3607号

图书在版编目（CIP）数据

自然生态环境修复的理念与实践技术 /（日）山寺喜成著；魏天兴等译. —北京：中国建筑工业出版社，2014.3
ISBN 978-7-112-16136-2

Ⅰ.①自… Ⅱ.①山…②魏… Ⅲ.①生态恢复—研究 Ⅳ.①X171.4

中国版本图书馆CIP数据核字（2013）第276278号

原書名：自然環境再生の绿化技术——採石跡地の自然回復
著　者：山寺喜成
发　行：社团法人日本碎石協会
本书由作者山寺喜成授权我社独家翻译出版发行

责任编辑：刘文昕
责任设计：董建平
责任校对：陈晶晶　关　健

自然生态环境修复的理念与实践技术
[日]山寺喜成　著
魏天兴　赵廷宁　杨喜田　顾卫　译
吴斌　杨喜田　顾卫　校
*
中国建筑工业出版社出版、发行（北京西郊百万庄）
各地新华书店、建筑书店经销
北京京点图文设计有限公司制版
北京君升印刷有限公司印刷
*
开本：880×1230毫米　1/32　印张：5⅞　字数：180千字
2014年5月第一版　2014年5月第一次印刷
定价：29.00元
ISBN 978-7-112-16136-2
（24878）